W0255578

WERKSTATTBÜCHER

FÜR BETRIEBSBEAMTE, KONSTRUKTEURE UND FACHARBEITER
HERAUSGEGEBEN VON DR.-ING. H. HAAKE, HAMBURG

Jedes Heft 50 — 70 Seiten stark, mit zahlreichen Textabbildungen

---

Die Werkstattbücher behandeln das Gesamtgebiet der Werkstattstechnik in kurzen selbständigen Einzeldarstellungen; anerkannte Fachleute und tüchtige Praktiker bieten hier das Beste aus ihrem Arbeitsfeld, um ihre Fachgenossen schnell und gründlich in die Betriebspraxis einzuführen.
Die Werkstattbücher stehen wissenschaftlich und betriebstechnisch auf der Höhe, sind dabei aber im besten Sinne gemeinverständlich, so daß alle im Betrieb und auch im Büro Tätigen, vom vorwärtsstrebenden Facharbeiter bis zum leitenden Ingenieur, Nutzen aus ihnen ziehen können.
Indem die Sammlung so den Einzelnen zu fördern sucht, wird sie dem Betrieb als Ganzem nutzen und damit auch der deutschen technischen Arbeit im Wettbewerb der Völker.

Einteilung der bisher erschienenen Hefte nach Fachgebieten

I. Werkstoffe, Hilfsstoffe, Hilfsverfahren

II. Spangebende Formung

(Fortsetzung 3. Umschlagseite

WERKSTATTBÜCHER

FÜR BETRIEBSBEAMTE, KONSTRUKTEURE UND FACHARBEITER. HERAUSGEBER DR.-ING. H. HAAKE, HAMBURG

HEFT 98

Instandhaltung von Werkzeugmaschinen

Von

Dipl.-Ing. H. H. Peineke

Mit 45 Abbildungen im Text

Springer-Verlag Berlin Heidelberg GmbH

1950

ISBN 978-3-540-01519-2 ISBN 978-3-642-94577-9 (eBook)
DOI 10.1007/978-3-642-94577-9

Inhaltsverzeichnis.

Vorwort.

Wie wichtig die planmäßige Instandhaltung der Betriebsmittel ist, wird in neuerer Zeit mehr und mehr erkannt. Das vorliegende Werkstattbuch hat die Aufgabe, die wichtigsten Maßnahmen der Instandhaltung der Werkzeugmaschinen zusammenzufassen, ohne Anspruch auf Vollständigkeit zu erheben. Die Arbeit ist durch vielfache Anregungen des Ausschusses für Betriebsmittelpflege, Arbeitskreis Hamburg, der Arbeitsgemeinschaft Deutscher Betriebsingenieure (ADB im VDI) gefördert worden. Der Verfasser möchte besonders den Herren Dipl. Ing. A. Böcker, Hamburg und Dr. Ing. A. Raupp, Hamburg, für ihre wertvolle Unterstützung, ebenso den Firmen für die freundliche Überlassung des Bildmaterials danken.

Möge dieses Büchlein allen interessierten Stellen Hinweise für die zweckmäßige Durchführung der Instandhaltung der Werkzeugmaschinen geben und so seinen bescheidenen Teil zum Wiederaufbau der deutschen Wirtschaft beitragen.

I. Güteminderung der Werkzeugmaschinen.

1. Der Verschleiß als eigentliche Ursache der Güteminderung. Sollen die Instandhaltungsmaßnahmen der Verlängerung der Lebensdauer und Verzögerung der Güteminderung der Werkzeugmaschinen dienen, so müssen zunächst die Gründe für das Schlechterwerden genauer betrachtet werden.

Als wesentliche Kennzeichen der Güteminderung von Werkzeugmaschinen sind das Nachlassen der Arbeitsgenauigkeit und das Nachlassen der erzielbaren Oberflächengüte anzusehen. Das Nachlassen der Ausbringung der Maschine kann im allgemeinen als sekundäres Merkmal angesehen werden, da man aus den oben genannten Gründen zur Erzielung einer Mindestgüte des Werkstückes gezwungen ist, entweder die Arbeitsgeschwindigkeit herabzusetzen oder die Anzahl der Arbeitsgänge zu erhöhen. Die Arbeitsgenauigkeit und die Oberflächengüte stehen aber in einem untrennbaren Zusammenhang und werden, falls es sich hierbei nicht schon um Fehler der neuen Maschine oder um fehlerhaft eingestellte Bewegungsspiele handelt, durch unbeabsichtigte Verformung der Konstruktionsteile und durch den Verschleiß der für die Genauigkeit verantwortlichen Führungsflächen hervorgerufen. Als Verformung der Konstruktionsteile kommen sowohl elastische wie auch plastische Veränderungen in Frage. Die elastischen Schwingungen sind es im wesentlichen, die eine unsaubere Arbeitsfläche verursachen. Sie werden, sofern sie nicht bereits an der neuen Maschine auftraten, durch schlagartige Wechselbeanspruchungen hervorgerufen, die aber ihrerseits nur durch fehlerhaften Einbau einzelner Maschinenteile oder durch vorangegangenen Verschleiß bedingt sein können. Die plastischen Verformungen treten hierbei gleichzeitig an den schlagartig beanspruchten Oberflächen auf, wodurch das Spiel vergrößert, d. h. die Schlagwirkung stetig gesteigert und die weitere Verformung beschleunigt wird.

Aus dieser Erkenntnis heraus ergibt sich aber klar die Tatsache, daß jede stetig verlaufende Güteminderung einer Werkzeugmaschine letzten Endes nur durch Verschleiß hervorgerufen wird, und zwar nicht nur an den Führungsflächen, die für die genaue Bewegung von Werkstück und Werkzeug zu sorgen haben, sondern auch an allen anderen Flächen, wie Lagern von Zwischenwellen, Verzahnungen usw., die man häufig zunächst als für die Arbeitsgenauigkeit unwesentlich ansieht.

Um nun den Verschleißerscheinungen wirksam entgegentreten zu können, ist eine nähere Kenntnis der Verschleißprobleme von großem Nutzen. Die Verschleißforschung ist heute noch in voller Entwicklung und abgeschlossene Erkenntnisse können auch in naher Zukunft nicht erwartet werden, da die ungeheure Vielzahl der Einflüsse auf die Verschleißvorgänge die Forschungsarbeit erschwert. Im folgenden können also nur die bisher bekannten Einzelheiten der Verschleißforschungen und die Erfahrungen des Betriebes berührt werden, die für den Werkzeugmaschinenbau von Interesse sind. Als wichtigste Verschleißarten sind hier der Verschleiß durch gleitende Reibung, der Verschleiß durch rollende Reibung und der Passungsverschleiß zu betrachten.

2. Der Verschleiß durch gleitende Reibung. Der Verschleißvorgang an trockenen Gleitflächen läßt sich zunächst einfach grobmechanisch erklären. Da die gleitenden Flächen stets Rauhigkeiten aufweisen, ist eine Berührung im Stillstand nicht auf der ganzen Fläche, sondern nur an einer mehr oder weniger großen Anzahl von hervorstehenden Punkten möglich. Die Spannungen an diesen Berührungspunkten werden also bedeutend höher sein als die gewöhnlich in Rechnung gesetzte Flächenpressung, die sich aus der Belastung und der Gesamtfläche ergibt. Je nach der Rauhigkeit der Oberfläche kann also auch bei verhältnismäßig geringer Gesamtflächenpressung an den einzelnen Berührungspunkten die Fließgrenze des Werkstoffes durchaus überschritten werden und eine plastische Verformung an diesen Oberflächenteilen eintreten. Setzt nun noch eine Gleitbewegung ein, so werden die hervorstehenden Tragpunkte zusätzlich auf Schub beansprucht und abgeschert. Außerdem kann man infolge des plastischen Zustandes der Oberflächenteile eine kalte Verschweißung annehmen, d. h., es tritt eine Vergrößerung der molekularen Bindekräfte der beteiligten Kristalle beider Gleitstücke ein, die auf den Verschleißvorgang nicht ohne Einfluß zu sein scheinen.

Aus dieser Betrachtung müßte sich eine unmittelbare Abhängigkeit des Verschleißes von der Festigkeit der beteiligten Werkstoffe ergeben, doch ist noch eine große Anzahl von zum Teil nicht restlos geklärten Einflüssen auf den Verschleißvorgang zu beachten, die dieser unmittelbaren Abhängigkeit entgegensteht. Durch die oben erklärte plastische Verformung wird natürlich eine gewisse Kaltverfestigung der Oberflächenteilchen eintreten, aber wichtiger noch erscheint die Warmhärtung, also Änderung des Gefügeaufbaues, die durch die Temperatursteigerung an den Oberflächenpunkten und Abschrecken am anliegenden Werkstoff hervorgerufen wird. Diese wird wesentlich von der an der Oberfläche entstehenden Reibungswärme und der Wärmeableitung und -abstrahlung, also durch Geschwindigkeit und Rhythmus der Gleitbewegung beeinflußt.

Da an allen Metalloberflächen beim Lagern in Luft stets eine Gas- und Flüssigkeitsschicht haftet, die durch die Gleitbewegung, stets zerstört wird und sich wieder neu ausbildet, spielen chemische und katalytische Vorgänge beim Verschleiß eine wesentliche Rolle. Diese können auch in besonderen Fällen durch lokale Elementbildung elektrochemischer Natur sein. Für die chemische Beeinflussung des Verschleißvorganges sind die chemische Aktivität der Werkstoffe und der beteiligten Atmosphäre, die Temperatur und Reaktionszeit, also Rhythmus der Gleitbewegung, die wesentlichsten Faktoren. Durch den Abrieb der Oberfläche kommen stets neue Werkstoffteile zur Reaktion, so daß der Vorgang stetig fortschreitet.

Bei der bisherigen Betrachtung wurde die Anwesenheit von Fremdkörpern zwischen den Gleitflächen völlig außer acht gelassen, und doch ist deren Vorhandensein für die im Betriebe vorkommenden Verschleißfälle von außerordentlicher Bedeutung. Die durch den Verschleißvorgang vom Werkstoff abgelösten kleinen Teilchen, der Abrieb, bilden die häufigste Verunreinigung zwischen den Gleitflächen, aber auch andere Fremdkörper, besonders Schleifstaub, spielen gerade bei den Werkzeugmaschinen eine wesentliche Rolle. Im allgemeinen wird bei Vorhandensein von festen Verunreinigungen der Verschleiß schneller erfolgen, als zwischen reinen Gleitflächen. Ist der Werkstoff der Gleitfläche sehr weich im Verhältnis zu den Verunreinigungen, so kann er diese nicht festhalten und wird schnell verschleißen. Bei geeigneter Härte des Werkstoffes können Fremdkörper eingedrückt und festgehalten, eingebettet werden. Dann wird der Verschleiß der Gleitfläche unter Umständen sehr gering. Da hierbei die Gegenfläche wie von einer weich gebundenen Schleifscheibe angegriffen wird, kann diese starkem Verschleiß unterliegen, auch wenn sie sehr hart ist. Harte Gleitflächen haben nicht die Fähigkeit, die Fremdkörper einzubetten und festzuhalten, werden also ähnlich den zu weichen Werkstoffen einen größeren Verschleiß zeigen. Diese durch Versuche bewiesene Tatsache erklärt auch ferner, daß für den Verschleiß nicht die z. B. durch Kugeldruckprobe meßbare Härte des Werkstoffes, sondern die Härten der einzelnen Gefügebestandteile, z. B. harte Eisenkarbide und -phosphide im Gußeisen, maßgebend sind.

All diese Einflüsse auf den Verschleiß lassen erkennen, daß sich unter der Voraussetzung konstanter äußerer Bedingungen ein Gleichgewichtszustand einstellt, der nun einen stetigen Verlauf des Verschleißvorganges gewährleistet, wie er auch sehr häufig beobachtet werden kann. Hierbei müssen jedoch zwei Ausnahmen gemacht werden, das Einlaufen und grobe Zerstörungen.

Bei dem vorerwähnten Gleichgewichtszustand wird sich auch eine bestimmte, natürlich in jedem Einzelfalle andere Rauhigkeit der Gleitflächen einstellen, die dann über lange Zeit annähernd konstant bleibt. Diese Rauhigkeit ist im allgemeinen bedeutend geringer als die bei der Herstellung der Gleitflächen entstandene. Unter dem Einlaufen versteht man die Oberflächenänderung von der Anfangsrauhigkeit zur Endrauhigkeit, wobei wahrscheinlich auch eine gewisse Gefügeänderung der Oberflächen eintritt, und es ist erklärlich, daß die erforderliche Einlaufzeit wesentlich von dem Unterschied der beiden Rauhigkeiten abhängt. Um die Einlaufzeit möglichst kurz zu halten, ist es notwendig, die Gleitflächen mit hoher Oberflächengüte herzustellen. Anhand der Leerlauf-Leistungsaufnahme einer Maschine kann man den Verlauf des Einlaufvorganges gut beobachten, denn der Gleitwiderstand, von dem die Leistungsaufnahme im Leerlauf abhängt, wird mit zunehmender Glättung der Gleitflächen geringer. Der Einlauf kann als beendet gelten, wenn der Leistungsmesser einen über längere Zeit konstanten Wert anzeigt. Der beim Einlauf in erhöhtem Maße anfallende Abrieb wird vorteilhaft durch Zerlegen der Maschine und Säubern der Gleitflächen nach beendetem Einlauf entfernt, um den im späteren Betriebe eintretenden Verschleiß möglichst klein zu halten. Diese Maßnahme kann allerdings nur empfohlen werden, wenn die Konstruktion der Maschine die Gewähr dafür bietet, daß alle Gleitteile beim Zusammenbau wieder in die gleiche Lage zueinander gebracht werden können, die beim Einlauf vorhanden war, da andernfalls nun ein neuer Einlaufvorgang einsetzen würde. Mit besonderer Vorsicht muß dem Verfahren, zur Beschleunigung des Einlaufvorganges Schmirgel- oder Läppmasse zwischen die Gleitflächen zu geben, gegenüber getreten werden, wenn die Möglichkeit besteht, daß das Schleifmittel in die Gleitfläche eingebettet werden kann. Beim Säubern der Flächen kann dann das Schleifmittel nicht einwandfrei entfernt werden und ein sehr schneller Verschleiß im späteren Betriebe ist die Folge.

Wenn sich der Gleichgewichtszustand nach dem Einlaufen eingestellt hat, wird der Verschleiß stetig fortschreiten und kann nur durch grobe Zerstörungen unterbrochen werden. Diese werden jedoch, sofern der Verschleißvorgang unter konstanten Bedingungen verläuft, nur von äußeren Umständen, nicht aber durch den Verschleiß selbst verursacht, wie z. B. durch Materialfehler, durch Ermüdungsbrüche infolge von Wechselbelastung oder durch Unterschreiten des erforderlichen tragenden Querschnittes infolge des Verschleißes. Eine weitere grobe Zerstörung der Gleitflächen, das Fressen, wird bei konstantem Verschleißverlauf nicht auftreten, sondern muß als Folge geänderter äußerer Bedingungen angesehen werden, also plötzliche Erhöhung der Belastung oder der Temperatur. Man kann sich den Vorgang des Fressens so erklären, daß an einer Stelle ein Verschweißen zunächst kleiner Werkstoffteile infolge zu hoher Temperatur und hohen Druckes eintritt. Hierdurch werden die benachbarten Teile sehr stark auf Schub beansprucht. Genügt diese Beanspruchung, um die Teile aus ihrem Verbande zu lösen, so schreitet der Vorgang lawinenartig fort und führt zu einer starken Beschädigung der Gleitflächen.

Die bisherigen Betrachtungen bezogen sich zwar auf die trockene Reibung zwischen Gleitflächen, aber sie gelten in ganz ähnlicher Weise für den Verschleißvorgang zwischen geschmierten Gleitflächen. Unter Schmierung wird grundsätzlich die Verwendung von Schmierstoffen zur Verschleißminderung an Reibflächen und damit zur Verringerung der Reibungskräfte verstanden. Diese Schmierstoffe können fester, flüssiger und in Sonderfällen auch gasförmiger Natur sein. Für den Werkzeugmaschinenbau kommen als Schmierstoffe hauptsächlich Fette und Öle, in Sonderfällen auch Graphit und Wasser in Frage.

Wie kommt nun durch die Verwendung z. B. eines Schmieröles ein Herabsetzen des Verschleißes und der Reibungskraft, also die Schmierwirkung zustande? Befindet sich bei gleitender Reibung eine Ölschicht zwischen den Gleitflächen, die dicker als die Höhensumme der Rauhigkeiten beider Flächen ist, so tritt bei der Gleitbewegung keine Berührung der Rauhigkeitsspitzen und damit auch kein Verschleiß ein, und die Reibungskraft wird nur durch die inneren Reibungswiderstände des Schmierstoffes bestimmt. Dieser Fall der reinen Flüssigkeitsreibung wird in der Praxis nur bei genügend hohen Gleitgeschwindigkeiten erreicht. Daher hat die sogenannte halbflüssige Reibung für den Verschleiß eine weit größere Bedeutung. Hierunter müssen alle Zwischenstufen von der trockenen bis zur reinen Flüssigkeitsreibung verstanden werden. Es ist in diesen Fällen zwar eine Schmierschicht vorhanden, die aber nicht so dick ist, daß eine Berührung der Rauhigkeitsspitzen der beiden Gleitflächen verhindert wird, so daß ein zwar geringer Verschleiß stattfinden kann. Das Vorhandensein von Fremdkörpern in der Schmierschicht beeinflußt den Verschleiß nur, wenn die Korngröße die Schmierschichtdicke überschreitet oder in gleicher Größenordnung liegt. Es ist das wünschenswerte Ziel, die Schmierschicht nur so dick zu halten, daß ein geringster Verschleiß erreicht wird. Denn sobald die Schmierschicht zu dick wird, wird infolge der Nachgiebigkeit der Schmierschicht die gewünschte Genauigkeit der Gleitbewegung beeinträchtigt. Da aber gerade im Werkzeugmaschinenbau zum Teil höchste Anforderungen an die Genauigkeit der Gleitbewegung gestellt werden müssen, ist der Wahl der Schmierschichtdicke in jedem Einzelfalle eine ganz bestimmte Grenze gesetzt. Um nun aber auch bei geringen Schmierschichtdicken den Verschleiß in möglichst kleinen Grenzen zu halten, müssen die Rauhigkeiten der Gleitflächen klein gehalten werden, also die Bearbeitung der Flächen mit höchster Oberflächengüte erfolgen und ferner das Schmiermittel peinlichst vor jeder Verunreinigung geschützt werden.

Zur Verschleißminderung durch Schmierung muß also möglichst eine reine Flüssigkeitsreibung angestrebt werden. Um dieses Ziel zu erreichen, muß man sich über die mechanischen Vorgänge in der Schmierschicht klar sein. Befindet sich eine Schmierschicht zwischen zwei ruhenden Gleitflächen, so stellt sich bei gleichbleibenden Bedingungen eine bestimmte Schichtdicke im Gleichgewichtszustand ein, die im wesentlichen von der Belastung und der molekularen Struktur des Schmierstoffes abhängig ist. Die Zähigkeit des Schmierstoffes beeinflußt die Endschichtdicke nicht, sondern nur die Geschwindigkeit, mit der der Gleichgewichtszustand erreicht wird. Für die Betrachtung soll die Gleitfläche groß gegenüber der Schichtdicke angenommen werden, so daß ein Abfließen des Schmierstoffes in weniger belastete Zonen nicht zu berücksichtigen ist.

In den meisten Fällen, wo die Schmierung zur Verschleißminderung dienen soll, ist zwischen den durch die Schmierschicht getrennten Flächen eine verhältnismäßig hohe gegenseitige Geschwindigkeit vorhanden. Hierbei hängt jedoch die Schmierschichtdicke von der Ausbildung eines keilförmigen Schmierstoffpolsters ab, das im wesentlichen durch die Zähigkeit des Schmierstoffes und durch die Gleitgeschwindigkeit beeinflußt wird, und zwar erfordert eine geringe Gleitgeschwindigkeit eine hohe Zähigkeit, während eine hohe Gleitgeschwindigkeit bei nicht zu hoher Belastung eine niedrigere Zähigkeit erlaubt, um eine reine Flüssigkeitsreibung zu erzielen. Die Ausbildung des Schmierkeiles wird ferner auch von der Benetzungsfähigkeit des Schmierstoffes, also den Adhäsionskräften zwischen den Schmierstoffmolekülen und den Metallgrenzflächen abhängen. Durch die gegenseitige Bewegung der Schmierstoffmoleküle wird ferner Reibungswärme erzeugt, die naturgemäß bei Schmierstoffen hoher Zähigkeit größer sein wird als bei niedriger Zähigkeit, die gleiche Gleitgeschwindigkeit vorausgesetzt. Dieser Umstand muß besonders beachtet werden, da sich die Zähigkeit verschiedener Schmierstoffe mit steigender Temperatur verschieden stark ändert.

Für die Ausbildung einer gleichmäßigen Schmierschicht an bewegten Gleitflächen bzw. zur Beseitigung der Gefahr der Zerstörung oder Unterbrechung der Schmierschicht finden wir also hauptsächlich folgende Faktoren in gegenseitiger Abhängigkeit:

1. Die Zähigkeit muß groß genug sein, um bei einer gegebenen Gleitgeschwindigkeit die Flächenpressung aufzunehmen und das Abfließen des Schmierstoffes aus der Lastzone zu verhindern, wobei die Zähigkeit mit steigender Geschwindigkeit geringer gewählt werden kann.

2. Die Zähigkeit soll nicht zu hoch sein, da hierdurch eine starke Erwärmung des Schmierstoffes bei hohen Gleitgeschwindigkeiten erfolgt, wodurch sich die Zähigkeit und das Lagerspiel ändern. Maßgebend für die Schmierschichtbildung ist die Zähigkeit bei konstanter Betriebstemperatur.

3. Die Benetzungsfähigkeit muß groß genug sein, um einen ununterbrochenen Schmierfilm zu gewährleisten.

4. Die Benetzungsfähigkeit kann geringer sein, wenn die Gleitflächen etwas rauh sind.

5. Rauhe Gleitflächen erfordern zur Erzielung reiner Flüssigkeitsreibung größere Schmierschichtdicken, also auch höhere Zähigkeit des Schmierstoffes.

Wie wir gesehen haben, dient die Schmierung zur Verschleißminderung, indem man anstrebt, dem Zustand der flüssigen Reibung möglichst nahe zu kommen, bei dem ja nach den obigen Überlegungen gar kein Verschleiß auftritt. Nach neueren Untersuchungen scheint diese Annahme allerdings doch nicht in allen Fällen zuzutreffen, obwohl die hierbei wichtigen Vorgänge noch nicht vollkommen geklärt sind. Für den Fall, daß die Schmierschicht sehr dünn ist und etwa an die Größenordnung der Schmierstoff-Molekülgrößen heranreicht (Grenzschmierung), tritt doch ein gewisser Verschleiß auf, auch wenn die Gleitflächen keine metallische Berührung haben. Man nimmt an, daß hierbei starke Bindekräfte zwischen dem Schmierstoff und den Gleitflächen auftreten, die infolge der Gleitbewegung eine so große Schubbeanspruchung auf die Gleitflächen verursachen, daß ein Verschleiß auftritt. Dieses Problem hat also sehr viel Ähnlichkeit mit dem Verschleiß, der durch strömende Flüssigkeiten und Gase hervorgerufen wird. Inwieweit hierbei chemische Vorgänge, die man sicher nicht vernachlässigen darf, eine Rolle spielen, konnte noch nicht nachgewiesen werden. Im allgemeinen muß festgestellt werden, daß durch das Vorhandensein von Fett oder Öl als Schmierstoff auch schon bei geringsten Schichtdicken die bei der trockenen Reibung bekannten chemischen Einflüsse ganz bedeutend verringert werden, wobei allerdings den chemischen Eigenschaften des Schmierstoffes im Zusammenwirken mit dem Gleitflächenwerkstoff eine wesentliche Rolle zukommt.

Im Vorangehenden wurde gezeigt, welche wesentliche Rolle die Schmierung bei dem Verschleiß durch gleitende Reibung hat, dessen Vermeidung oder Verringerung der Ausgangspunkt unserer Betrachtung zur Instandhaltung der Werkzeugmaschinen war. Aber nicht nur die Wichtigkeit der Schmierung an sich wird hieraus klar, sondern auch der Einfluß der richtigen Schmierstoffwahl. Berücksichtigt man nun noch den Temperatureinfluß auf das Spiel an den Gleitflächen durch verschiedene Ausdehnung der Gleitflächenwerkstoffe, z. B. bei Gleitlagern usw. und die Temperaturabhängigkeit der Viskosität des Schmierstoffes, besonders wenn infolge verschiedener Gleitgeschwindigkeiten und Belastungen verschiedene Betriebstemperaturen zu erwarten sind, so erkennt man, da ja nur bei bestimmter gegenseitiger Abhängigkeit eine einwandfreie Schmierschicht im ganzen Arbeitsbereich erzielt werden kann, daß die Schmierschicht gewissermaßen ein Konstruktionselement der Maschine ist und daß nur bestimmte Schmierstoffe mit genau festgelegten Eigenschaften benutzt werden dürfen, da andernfalls die richtige Funktion der Maschine nicht gewährleistet und die gewünschte Lebensdauer in Frage gestellt wird.

3. Verschleiß durch rollende Reibung. Neben dem Verschleiß bei gleitender Reibung, der für die Genauigkeit der Werkzeugmaschinen von hervorragender Bedeutung ist, darf auch der durch rollende Reibung hervorgerufene Verschleiß nicht außer acht gelassen werden. Schon die Tatsache, daß bei reiner, also schlupffreier Rollbewegung überhaupt eine Reibungskraft vorhanden ist, deutet auf die Ursache des hierbei auftretenden Verschleißes hin. Unter der Voraussetzung, daß die beiden gegenseitig abrollenden Körper vollkommen starr sind, wäre keine Kraft zur Aufrechterhaltung der Rollbewegung erforderlich. In Wirklichkeit jedoch wird die Oberfläche der Rollkörper verformt und, da durch die Rollbewegung laufend andere Flächenteile zur Berührung und damit zur Verformung kommen und in allen technischen Fällen die gleichen Flächenteile in einem bestimmten Rhythmus wieder der Verformung unterliegen, tritt an den Rollflächen eine Wechselbelastung auf. Diese Wechselbeanspruchung führt zu einer allmählichen Zerrüttung des Oberflächengefüges, der eine Kornverfeinerung und Kaltverfestigung vorausgeht und die schließlich ein Abblättern oder Ausbrechen der Oberflächenschicht zur Folge hat. Dieser Verschleiß ist im wesentlichen abhängig von der Belastung, also den wechselnden Normalkräften und der Festigkeit der Werkstoffe. Ferner hat der Rollradius infolge der verschiedenartigen Spannungsverteilung einen Einfluß auf den Verschleißvorgang, und zwar haben wir bei kleinem Rollradius eine tiefer gehende Lastverteilung als bei großem oder negativem Rollradius, wo wir hauptsächlich eine Oberflächenbeanspruchung haben. Daher zeigt die Außenlaufbahn von Wälzlagern meist stärkere Verschleißerscheinungen als die Innenlaufbahn, obwohl die Belastung, die Werkstoffe und Rollgeschwindigkeiten die gleichen sind.

Die chemischen Einwirkungen des Luftsauerstoffes usw. spielen genau so wie der Temperatureinfluß hier eine ähnliche Rolle wie bei der gleitenden Reibung, so daß hierauf nicht noch einmal näher eingegangen zu werden braucht.

Der Schmierung kommt bei der rollenden Reibung nicht die große Bedeutung zu wie bei der gleitenden Reibung, da die Werkstoffermüdung hierdurch nicht verhindert werden kann. Da durch die Schmierung jedoch die chemischen Einflüsse bedeutend verringert und die in den meisten Fällen durch gleichzeitig auftretenden Schlupf hervorgerufenen Verschleißvorgänge gleitender Reibung gehemmt werden, nicht zuletzt auch wegen der geräuschmindernden Wirkung, wird auch bei der rollenden Reibung im allgemeinen eine Schmierung vorgesehen. Da jedoch beim

Einlaufen der Schmierschicht unter die Berührungsflächen sehr hohe Drücke im Schmierstoff auftreten können und ein Eindringen des Schmierstoffes in die Poren des Werkstoffes besonders bei schon stark zerrütteten Oberflächengefüge angenommen werden muß, kann durch die wechselnden Drücke des Schmierstoffes und die hierbei auftretenden Kapillarkräfte die Schmierung gegebenenfalls den Verschleiß in ungünstiger Weise beschleunigen, da die bereits aufgelockerten Gefügebestandteile leicht ausgewaschen werden können, wobei eine geringe Viskosität des Schmierstoffes besonders nachteilig ist. Der ausgespülte Abrieb wird dann den Verschleiß beschleunigen. Daraus darf aber nicht geschlossen werden, daß es nun richtiger wäre, gar nicht zu schmieren, denn in den meisten Fällen wird dann der Verschleiß durch gleitende Reibung und der chemische Einfluß der Luft ungünstigere Betriebsverhältnisse verursachen. Man ersieht aber hieraus deutlich, daß eine Schmierung mit schwerem Öl oder Wälzlagerfett angewandt werden sollte, sofern nicht aus irgendwelchen Gründen unbedingt leichtes Maschinenöl benutzt werden muß.

Im Werkzeugmaschinenbau beschränken sich die Fälle der rollenden Reibung im wesentlichen auf Wälzlager, Kopier- und Steuerrollen und Zahnradgetriebe. Auf diese Elemente der Werkzeugmaschine wird an anderer Stelle noch näher eingegangen.

4. Passungsverschleiß. Die dritte wichtige Verschleißart unserer anfänglichen Aufzählung, der Passungsverschleiß, wird leider im Werkzeugmaschinenbau heute noch viel zu wenig beachtet. Ähnlich den Erscheinungen bei rollender Reibung tritt auch in den Passungen durch dauernde Wechselbelastung eine Zerrüttung des Oberflächengefüges ein, sobald auch nur geringste gegenseitige Bewegungen an den Passungs- und Scheuerstellen möglich sind, wobei die mit fortschreitender Gefügezerstörung stärker werdenden Schlagbeanspruchungen den Vorgang noch wesentlich beschleunigen. Besonders an Stellen starker Kantenpressung an eingesetzten Zapfen, bei geringer Axialverschiebung und an Lagern mit sehr kleiner Winkelbewegung lassen sich diese Vorgänge häufig beobachten. Daß durch die Passungsverschleiß-Erscheinungen die Neigung zur Ausbildung von Dauerbrüchen stark gefördert wird, versteht sich wohl nach den heutigen Erkenntnissen über das Wesen der Dauerbrüche von selbst.

Neben den rein mechanischen Verschleißursachen spielen gerade beim Passungsverschleiß die chemischen Vorgänge eine wichtige Rolle, und das ist auch erklärlich, da die hier zur Verfügung stehenden Reaktionszeiten bedeutend länger sind als bei den anderen Verschleißarten, wo z. B. durch Abrieb stets neue Gefügeteile zur Reaktion kommen. Da durch die Wechselspannungen das Gefüge aktiviert wird, die Kohäsionskräfte zerstört und die Oberflächen vergrößert werden, und da außerdem hohe Drücke, Reibungswärme und kleinste gegenseitige Bewegungen der Gefügeteilchen vorhanden sind, sind alle günstigen Voraussetzungen für eine starke chemische Aktivität gegeben. Hinzu kommt ferner, daß sich bei den geringen Gleitwegen keine einwandfreie Schmierschicht ausbilden kann, die den chemischen Vorgängen entgegenwirken könnte. Im Gegenteil kann das Vorhandensein von Schmierölen und Fetten die chemischen Einwirkungen im ungünstigen Falle unterstützen, da auch diese oxydieren können, wobei Säuren frei werden, die ebenfalls die Oberflächen angreifen. Da die chemischen Veränderungen hauptsächlich durch den Luftsauerstoff bewirkt werden, werden diese Vorgänge unter dem Begriff der Reibungsoxydation oder Reibrostbildung zusammengefaßt. Bemerkenswert ist, daß unter den günstigen Bedingungen des Passungsverschleißes auch Werkstoffe, wie z. B. rostfreie Stähle, die sonst chemisch wenig empfindlich sind, angegriffen werden und der Oxydation unterliegen. Um dem Passungsverschleiß, der auch durch elektrochemische Vorgänge unterstützt sein kann, z. B. bei in Leichtmetallgehäusen eingezogenen Stahl- oder Bronzebuchsen, zu verringern, kann die Verwendung festhaftender, hochmolekularer Stoffe, z. B. Sonderöle oder Graphit, beim Einbau empfohlen werden, ebenso hat sich das Aufbringen metallischer Überzüge, z. B. Hartverchromung, bewährt.

Bei der Instandsetzung von Passungsverschleißschäden muß dringend vor dem Ausschmirgeln der beschädigten Flächen gewarnt werden, da hierbei nur das Spiel und damit die Gefahr erhöhten Verschleißes vergrößert wird. Ebenso ist ein Ausdrehen und Ausbuchsen nicht ratsam, da nunmehr anstatt einer gleich zwei neue Passungsverschleißstellen vorhanden sind, wenn die Buchsen nicht einwandfrei fest in der Bohrung sitzen. Die Behebung des Schadens durch Auftragsschweißung kann ebensowenig empfohlen werden, da hierbei im allgemeinen mit einem Rückgang der Werkstoffestigkeit gerechnet werden muß. Am günstigsten wird es immer sein, das ganze Konstruktionsteil durch ein neues zu ersetzen, den Einbau mit größter Sorgfalt vorzunehmen oder, wenn möglich, durch Konstruktionsänderung die Gefahr des Passungsverschleißes zu beseitigen.

II. Die Werkzeugmaschine und ihre Instandhaltung.

A. Allgemeine Behandlung der Werkzeugmaschinen.

Zur Instandhaltung der Werkzeugmaschine gehört nicht nur die richtige Behandlung während der Benutzung, sondern man muß die Maschine auf ihrem ganzen Lebensweg verfolgen und überall die Gesichtspunkte der Instandhaltung beachten.

Abb. 1. Aufhängen einer Drehbank an gegossenen Aufhängestellen [16] [1].

5. Verpacken und Befördern (Abb. 1 bis 5). Der Lebensweg einer Werkzeugmaschine beginnt im Herstellerwerk, sie hat bis zum Benutzer im allgemeinen einen mehr oder weniger langen Weg zurückzulegen, und man muß die Maschine auf diesem Wege vor Beschädigungen schützen. Die Maschine wird also transportfähig gemacht und verpackt. Zunächst müssen sämtliche beweglichen Teile der Maschine so festgesetzt werden, daß durch die Lageveränderungen und die Erschütterungen während der Beförderung keine Schäden eintreten können. Zubehörteile werden zweckmäßig gesondert verpackt, und in vielen Fällen muß auch die Maschine selbst wegen der Tragfähigkeit der Beförderungsmittel, beschränkter Verladequerschnitte usw. zerlegt und in mehreren Teilen befördert werden. Empfindliche Teile erfordern eine besondere Sorgfalt der Verpackung.

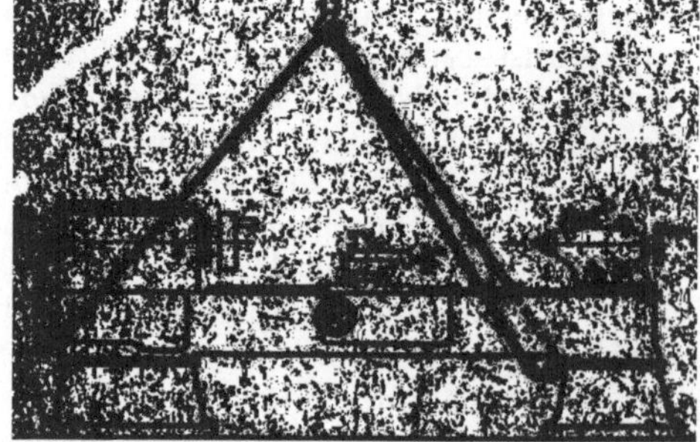

Abb. 2. Aufhängen einer Drehbank an der Bettwange [16].

Während der Beförderung muß die Maschine ferner vor schädlichen Witterungseinflüssen geschützt werden, wobei die Feuchtigkeit im allgemeinen die größte Gefahr bildet. Die blanken, rostgefährdeten Teile der Maschine werden daher mit einer Rostschutzfarbe oder einem Rostschutzfett angestrichen. Dieser Schutzüberzug muß auch bei längerer Lagerung und starker Feuch-

[1] Die in [ ] beigefügten Zahlen sind Hinweise auf das am Schluß des Heftes angegebene Schrifttum, aus welchem diese Abb. entnommen sind.

tigkeit, Tau- und Regenwasser, genügende Sicherheit gegen Korrosionsschäden bieten, soll sich aber auch später einfach wieder entfernen lassen. Weiter ist gegebenenfalls auf die Verhinderung von Schäden durch Frost, Hitze, Wind und Versandung zu achten, d. h. die Verpackung muß sämtliche Gefahren des Transportweges berücksichtigen und dem jeweiligen Weg der Maschine entsprechend angepaßt sein.

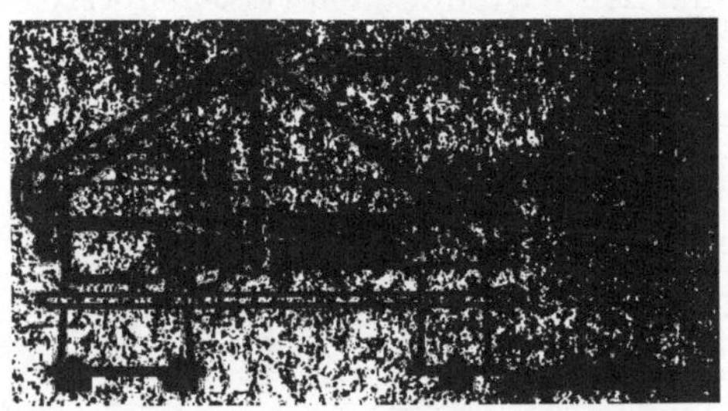

Abb. 3. Aufhängen einer Drehbank an der Bettwange mit Tragseil und Schwenkleinen. Die Spindeln werden durch einen Holzrahmen geschützt [16].

Empfindliche Maschinen und Geräte erhalten zweckmäßig an den Ecken der Kisten Polster aus Holzwolle und Maschendraht. Gegebenenfalls empfiehlt sich auch die Beförderung in Doppelkisten, die unter Zwischenschaltung von Federn ineinandergesetzt werden. Besonders lange Teile sind vor dem Transport auf die zu erwartende Durchbiegung (Stöße!) zu berechnen, wobei die Verformung mit Sicherheit im elastischen Gebiet bleiben muß, andernfalls muß die Verpackung gleichzeitig als Versteifung gegen zu große Formänderung dienen.

Abb. 4. Aufhängen einer Drehbank zwischen den Querrippen des Bettes [16].

Eine der wichtigsten Angaben auf der Verpackung ist die Gewichtsangabe, die niemals fehlen dürfte. Um aber auch spätere Ortsveränderungen der Maschine schnell und einwandfrei durchführen zu können, sollte an jeder Maschine die Gewichtsangabe, etwa auf einem Typenschild wie bei Elektromotoren, dauerhaft fest angebracht sein.

Schon der Konstrukteur muß beim Entwurf der Maschine die Belange der Beförderung beachten. Zum Anhängen müssen an der Maschine gegebenenfalls Gußnasen, Pratzen oder Durchbrüche zum Einstecken von Knüppeln vorhanden sein. Die Knüppel werden zweckmäßig mit Drehherzen oder ähnlichem gegen Herausgleiten und Abgleiten des Seiles gesichert. Um das Eindrücken oder Verbiegen vorstehender Maschinenteile beim Anhängen zu verhindern, werden Holzabstützungen und Putzlappen unter die Seile gelegt. Zur Erreichung der richtigen Schwerpunktlage kann man Supporte usw. in geeigneter Weise verschieben. Wenn die Seile zwischen den Verrippungen des Maschinenbettes durchgeschlungen werden sollen, so müssen die fraglichen Rippen gekennzeichnet werden. Die Anhängevorrichtungen sind im allgemeinen am Grundgestell der Maschine vorzusehen, da beim Anhängen an Schlitten, Führungen usw. leicht die Gefahr der Beschädigung und des nachteiligen Einflusses auf die Arbeitsgenauigkeit besteht. Jedenfalls müssen stets klare Anweisungen für die richtige Beförderung vorhanden sein.

Abb. 5. Aufhängen einer Wälzfräsmaschine an eingesteckten Knüppeln [16].

Die Maschine und die Zubehörteile müssen in der Kiste oder dem Verschlag stets unverrückbar festgelegt und mit Abstützleisten und Druckstützen zum Deckel und den Kistenwänden versehen werden, so daß auch beim Kippen und Verkanten

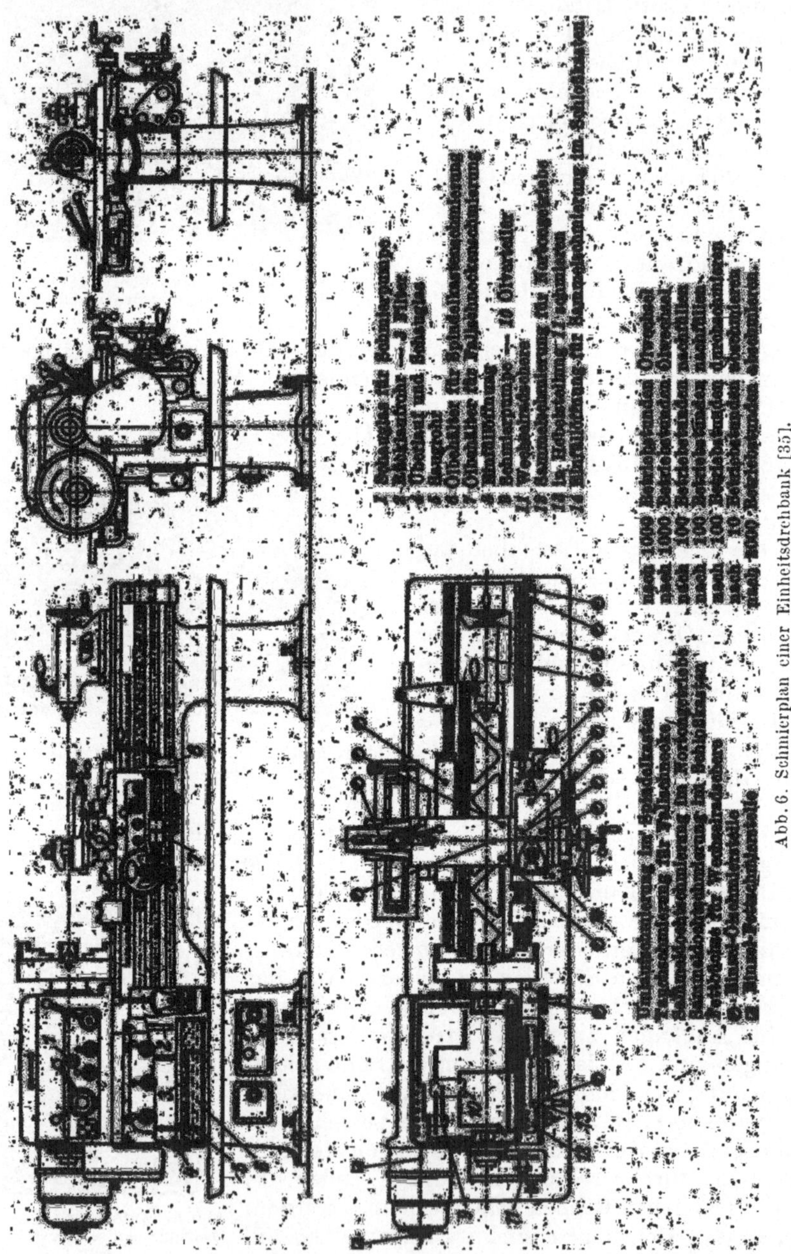

Abb. 6. Schmierplan einer Einheitsdrehbank [35].

der Kiste keine Beschädigungsgefahr für den Inhalt besteht. Gegebenenfalls sind auch Anweisungen für das Öffnen und Auspacken der Kiste zu geben. Dabei ist es in sehr vielen Fällen zweckmäßig, wenn zwei Grundhölzer bzw. der ganze Kistenboden bis zur endgültigen Aufstellung unter der Maschine bleibt, damit die Maschine auf Knüppeln und Rollen bis zum Aufstellungsort befördert werden kann.

6. Vorbereiten der Maschine durch die Instandhaltungsabteilung. Ist die Maschine im Werk des Benutzers angekommen, so wird es ganz von der Größe und Art der neuen Maschine abhängen, ob man sie gleich am Aufstellungsort auspackt und betriebsfertig macht, oder ob man diese Arbeiten in der Instandhaltungsabteilung vornimmt. Ferner sind hierbei die innerbetriebliche Beförderungsmöglichkeit, der Zeitpunkt der Fertigstellung des Fundamentes und ähnliche Fragen zu beachten. Beim Auspacken muß zunächst an Hand des Lieferscheines oder Packzettels die Vollständigkeit der Lieferung überprüft werden, dann wird man zur Reinigung der Maschine von Rostschutzmitteln schreiten.

Es wird häufig notwendig sein, daß einige durch die gewünschte Vereinheitlichung des Maschinenparkes notwendige Arbeiten an der Maschine vorgenommen werden. Z. B. wird man häufig die im ganzen Betriebe üblichen Schmiernippel nachträglich anbringen, ebenso die Kennzeichnung der Schmierstellen durch farbige Hinweisschilder. In fast allen Betrieben ist die Anbringung eines Schildes mit der Inventar- oder Buchnummer der Maschine üblich. Viele Firmen bestellen die Werkzeugmaschinen ohne die elektrische Anlage, um möglichst einheitliche Motoren und Schaltgeräte nachträglich selbst einzubauen. Hierbei muß aber stets beachtet werden, daß in vielen Fällen die elektrische Einrichtung als Konstruktionselement der Maschine angesehen werden muß und teilweise auch besonders für diesen Zweck hergestellt wurde, so daß der Kunde nicht die Möglichkeit hat, die elektrische Einrichtung nach seinen Wünschen nachträglich einzubauen. Gegebenenfalls wird man auch nachträglich Unfallschutzeinrichtungen, Leistungsmesser, Zählwerke, Abdeckbretter für Führungsbahnen, Arbeitsplatzleuchten usw. anbringen, je nachdem, wie es die Einheitlichkeit und die Belange der jeweiligen Fertigung erforderlich machen. Es ist zu prüfen, ob die Bedienungsgriffe so angeordnet und ausgestaltet sind, daß ein unbeabsichtigtes Einschalten der Maschine sicher vermieden wird, gegebenenfalls sind entsprechende Sicherheitsvorrichtungen nachträglich anzubauen.

Dank der Normung des Farbanstriches für Werkzeugmaschinen ergibt sich bei allen deutschen Maschinen ein schönes gleichmäßiges Werkstattbild, und man wird nur bei Maschinen ausländischen Ursprunges gelegentlich einmal den Farbanstrich der neuen Maschine ändern, um eine Einheitlichkeit zu erreichen.

Außer den Arbeiten an der Maschine selbst wird die Instandhaltungsabteilung besondere Gestelle und Kästen für die sachgemäße Aufbewahrung von abnehmbaren Sondereinrichtungen usw. herstellen und vor allem den zur Maschine gehörenden Werkzeugschrank so einrichten, daß sämtliche Werkzeuge und Hilfsmittel, die an der Maschine benötigt werden, sauber, übersichtlich und gegen Beschädigungen geschützt eingeordnet werden können.

Wichtig ist auch die Überarbeitung der Bedienungsanweisung, die zweckmäßig in der Instandhaltungsabteilung vorgenommen wird. Die von den Lieferwerken mitgelieferten Bedienungsanweisungen entsprechen durchaus nicht immer den Bedürfnissen des Betriebes, und es sind hier auch schon Vereinheitlichungsbestrebungen im Gange. Im allgemeinen wird es notwendig sein, Auszüge aus der Bedienungsanweisung in geeigneter Form herzustellen. Einer dieser Auszüge bezieht sich nur auf die Erklärung der an der Maschine vorhandenen Bedienungsgriffe und wird zweckmäßig mit einer Skizze oder einem Lichtbild versehen. Dieser Auszug soll in dauerhafter Form an der Maschine selbst oder am Werkzeugschrank befestigt werden. Ein weiterer Auszug enthält die ausführliche Schmieranweisung für die Maschine (Abb. 6) und wird entweder an der Maschine befestigt oder der

Schmierkolonne übergeben, je nachdem, ob die regelmäßige Abschmierarbeit vom Bedienungsmann oder von der Schmierkolonne durchgeführt werden soll. Die Schmieranweisung muß die Lage der Schmierstellen und die Häufigkeit der notwendigen Abschmierung, sowie den zu wählenden Schmierstoff in einfach verständlicher Weise angeben. Ferner wird ein dritter Auszug angefertigt, der in geeigneter Form alle vom Bedienungsmann zu beachtenden Pflegemaßnahmen enthält. Dieser Auszug wird zweckmäßig auch an der Maschine befestigt. Hierbei soll bemerkt werden, daß vom Ausschuß für Betriebsmittelpflege in der ADB für verschiedene Werkzeugmaschinenarten entsprechende Merkblätter entwickelt und veröffentlicht wurden. In vielen Fällen wird man zweckmäßig auch einen elektrischen Schaltplan oder auch Hydraulikplan aus der Bedienungsanweisung ausziehen.

Weiter wird von der Instandhaltungsabteilung gegebenenfalls die AWF-Maschinenkarte für die neue Maschine ausgestellt bzw. die mitgelieferte Karte geprüft und ergänzt. Die Bedienungsanweisung selbst, die dann noch ausführliche Angaben über die Arbeitsweise usw. enthält, soll dem Abteilungsmeister, der mit der Maschine arbeiten soll, zur Verfügung gestellt werden, also muß von der Instandhaltungsabteilung, falls kein zweites Exemplar der Bedienungsanweisung vorhanden ist, ein Auszug der Angaben über Demontage- und Instandsetzungsarbeiten gemacht werden, der in der Instandhaltungsabteilung verbleibt. Gegebenenfalls muß auch noch ein Auszug der Angaben über Begrenzungen des Arbeitsbereiches und Unterlagen zur Arbeitszeitermittlung hergestellt werden, der wieder von der Arbeitsvorbereitung benötigt wird, sofern die AWF-Maschinenkarte nicht alle benötigten Angaben enthält. Man kann schon aus den Arbeiten, die die Instandhaltungsabteilung mit einer üblichen Bedienungsanweisung haben wird, ersehen, wie in Zukunft eine zweckmäßige Bedienungsanweisung ausgestaltet werden muß, um jeder Stelle des Betriebes ohne großen Arbeitsaufwand die für sie wichtigen Angaben über die Maschine zur Verfügung stellen zu können.

7. Aufstellen der Werkzeugmaschine. Zur Vorbereitung des Fundamentes, sofern ein solches überhaupt erforderlich ist, liefert die Herstellerfirma im allgemeinen einen Fundamentplan vor der Lieferung der Maschine, so daß das Fundament schon fertig und vor allem abgebunden sein kann, wenn die Maschine eintrifft. Beim Aufbau des Fundamentes ist in vielen Fällen eine eingehende Prüfung des Untergrundes erforderlich, da größere Werkzeugmaschinen meist in sich nicht so starr sind, daß bei späterer Verlagerung des Fundamentes die gewünschte Arbeitsgenauigkeit der Maschine erhalten bleibt. Es gibt ungünstige Fälle, in denen die Maschinen mindestens einmal jährlich neu ausgerichtet werden müssen, weil die Fundamente nachgeben und die Maschine diesen kleinsten Bewegungen folgt. Besonders verlagerungsempfindliche Maschinen werden teilweise mit besonderen, über eine Keilfläche nachstellbaren Auflagen geliefert, die das häufige Neuausrichten der Maschine in einfachster Weise ermöglichen (Abb. 7). Kleinere Werkzeugmaschinen haben fast immer einen so starren Aufbau, daß sich geringe Verlagerungen der Fundamente nicht ungünstig auf die Arbeitsgenauigkeit auswirken. Hier ist also das Fundament zur Erhöhung der Starrheit nicht erforderlich, und es wird in vielen Fällen ganz darauf verzichtet. Diese Maschinen werden häufig auf den glatten Fußboden gestellt, mit Keilen oder besonderen Richtschrauben ausgerichtet, bei Holzfußboden mit Holzschrauben angeschraubt oder sonst mit einer Zementschicht untergossen.

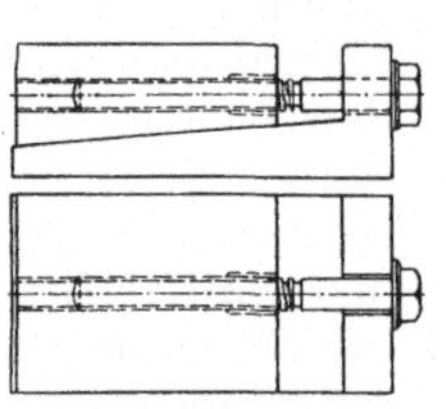
Abb. 7. Stellkeil zum einfachen Ausrichten von Werkzeugmaschinen.

Bei hochwertigen Maschinen ist bei der Aufstellung der Einfluß von Störschwingungen zu beachten, die nicht nur die Arbeitsgüte beeinträchtigen, sondern auch gegebenenfalls die Lebensdauer der Maschine herabsetzen können. Bei der Schwingungsentstörung im Betriebe kann man zwei Wege gehen. Entweder man stellt die Schwingungserreger, also Hämmer, Stanzen, Kompressoren usw. schwingungsisoliert auf (die sogenannte Aktiv-Entstörung), oder man isoliert die schwingungsempfindliche Maschine von der Unterlage, dem Gebäude (die sogenannte Passiv-Entstörung). Die Wirksamkeit der Schwingungsisolierung beruht darauf, daß man die Eigenschwingungszahl des Isoliersystems möglichst verschieden von der Störschwingungszahl wählt. Im allgemeinen wird man für das Isoliersystem eine Eigenschwingungszahl von 1 bis 5 Hz wählen, während die Störschwingungen, Gebäudeschwingungen usw. meist über 30 Hz liegen. Zur Isolierung werden Filz, Kork, Gummi oder Stahlfedern benutzt. Die Isolierung ist aber nur durchführbar, wenn die Maschine selbst oder zusammen mit dem isolierten Fundament so starr ist, daß schädliche Verspannungen der Maschine ausgeschlossen sind.

Ist die Maschine fertig aufgestellt und ausgerichtet, so werden die elektrischen Anschlüsse, gegebenenfalls auch Druckluft-, Gas- oder Wasseranschlüsse vorgenommen.

8. Inbetriebnehmen der Werkzeugmaschine. Bevor man mit dem Probelauf beginnt, sind unbedingt alle Schmierstellen ausreichend mit Schmierstoff zu versehen, Ölfüllungen für Umlaufschmierung auf den richtigen Stand zu bringen und die Sauberkeit von Führungsbahnen zu prüfen. Nun wird die Gangbarkeit der einzelnen Bedienungshebel geprüft und die Maschine, wenn möglich, von Hand durchgedreht bzw. im langsamsten Gang angelassen, damit man besonders bei verwickelten Bewegungsvorgängen, wie z. B. bei Drehautomaten, den einwandfreien Ablauf der Bewegungen beobachten kann. Auf jeden Fall halte man sich hierbei streng an alle in der Bedienungsanweisung gegebenen Richtlinien und Vorschriften.

Erst nachdem man sich überzeugt hat, daß die Maschine im langsamen Gang einwandfrei läuft, kann man dazu übergehen, die höheren Drehzahlen anzuwenden, wobei aber auch vorsichtig vorgegangen werden muß. Die Gleitlagerungen sollen stets erst betriebswarm gelaufen sein, ehe man die höchsten Drehzahlen einschaltet, da sie sonst gegebenenfalls leicht festlaufen.

Nach den Leerlaufversuchen prüft man die Maschine noch unter betriebsmäßiger Belastung und beobachtet hierbei besonders den ruhigen und schwingungsfreien Lauf und die Bearbeitungsgüte am Werkstück. Zweckmäßig wird hierbei auch die Belastung des Hauptantriebmotors gemessen und so die Eignung der Maschine für die vorgesehenen Arbeiten kurz geprüft. Da die Abnahmeprüfung im Regelfalle nur im Herstellerwerk als verbindlich gilt, besteht bei späteren Beanstandungen, wenn nicht vorher anders vereinbart, keine rechtliche Verpflichtung des Herstellers zur kostenlosen Behebung der festgestellten Mängel, doch wird jede geachtete Firma stets von sich aus alles tun, um den Kunden bei berechtigten Beanstandungen möglichst zufrieden zu stellen.

Bevor nun die Maschine endgültig in Betrieb genommen wird, sind dem Bedienungsmann ausführliche Anweisungen über die Bedienung und Behandlung der Maschine zu geben und die richtige Befolgung ist besonders in der ersten Zeit aufmerksam zu überwachen In vielen Fällen hat es sich als zweckmäßig erwiesen, wenn man sich von der Herstellerfirma einen Monteur kommen läßt, der die ordnungsmäßige Aufstellung der Maschine prüft, den Probelauf selbst durchführt und den Bedienungsmann sowie die Instandhaltungsmannschaften in die besonderen Eigenschaften der Maschine einführt.

Zur sachgemäßen Behandlung der Maschine durch den Bedienungsmann bei der Benutzung gehört der Schutz gegen Überlastung. Schon bei der Verteilung der Arbeiten durch die Arbeitsvorbereitung oder den Meister muß auf die Leistung der einzelnen Werkzeugmaschinen geachtet werden. Trotzdem besteht noch die Überlastungsgefahr bei unsachgemäßer Bedienung, besonders wenn Schnittgeschwindigkeiten und Vorschübe nicht genau vorgeschrieben werden. Wenn man auch beim guten Facharbeiter soviel Gefühl und Erfahrung voraussetzen sollte, daß er Überlastungen der Maschine vermeidet, so muß man doch bei angelernten Arbeitskräften, besonders bei Akkordarbeit, immer mit Überlastungen rechnen. Manche Firmen haben daher alle Maschinen mit elektrischen Leistungsmessern versehen, an denen die zulässige Belastung durch eine rote Marke gekennzeichnet ist, ferner sind an den neueren Maschinen Motorschutzschalter angebracht. Dieser Überlastungsschutz, der von der elektrischen Antriebsleistung ausgeht, verhindert zwar eine dauernde Überlastung des Antriebsmotors, nicht aber der Werkzeugmaschine selbst, denn in vielen Fällen ist die Antriebsleistung nicht genügend an die Leistungsfähigkeit der Werkzeugmaschine angepaßt. Man hat daher auch versucht, elektrische Schutzeinrichtungen in die Werkzeugträger einzubauen, so daß die Maschine bei Überschreitung einer bestimmten Schnittkraft selbsttätig stillgesetzt wird. Diese Einrichtungen haben sich aber in der Praxis nicht recht durchsetzen können, denn die Schnittkraft unterliegt während der Arbeit manchen kurzzeitigen Schwankungen, die ein Ansprechen des Schutzes nicht erforderlich machen. Stellt man die Schutzeinrichtung unempfindlich ein, so ist sie bei Störungen und Werkzeugbrüchen nicht sicher wirksam, stellt man sie empfindlich ein, so wird die Maschine häufig ohne zwingenden Grund stillgesetzt und es entstehen gegebenenfalls Arbeitsfehler am Werkstück und beim Wiederanfahren vielfach Werkzeugbeschädigungen, besonders bei Hartmetallwerkzeugen. Praktisch gibt es also keinen sicher wirkenden selbsttätigen Überlastungsschutz für Werkzeugmaschinen, und es wird daher immer die Aufgabe der Vorarbeiter und Meister bleiben, die sachgemäße Arbeit ständig zu überwachen, wobei der elektrische Leistungsmesser, der Drehzahlmesser, besonders bei stufenloser Drehzahlregelung, und der Schnittgeschwindigkeitsmesser eine gute Hilfe sind. Ebenso unterstützen die klare Hebelanordnung und Bezeichnung, sowie Drehzahl- und Schnittgeschwindigkeitspläne, Schnittgeschwindigkeitswähler usw. die Überwachung ganz wesentlich.

Ob die regelmäßige Reinigung und Abschmierung der Maschine vom Bedienungsmann selbst oder von einer zur Instandhaltungsabteilung gehörenden Kolonne durchgeführt wird, ist eine Frage der innerbetrieblichen Organisation, wichtig ist aber immer, daß hierbei die erforderliche Sorgfalt angewandt wird. Auf die Schmierung ist an anderer Stelle ausführlich eingegangen. Die gründliche Reinigung der Maschine soll regelmäßig am Wochenschluß erfolgen, und zwar wird man für einfache Maschinen etwa 30 Minuten, für verwickelte Maschinen etwa 60 Minuten benötigen. Hierbei sind die Späne gründlich zu entfernen, nicht aber mit Druckluft abzublasen, da sie hierbei an unzugängliche Stellen geblasen werden und hier Störungen verursachen können. Es ist daher zweckmäßig, am Wochenschluß die Druckluft im ganzen Betrieb abzustellen. Leider gibt es Werkzeugmaschinen, bei denen der Konstrukteur nicht an die vorteilhafte Spänebeseitigung gedacht hat, so daß diese an Stellen gelangen, wo sie nur in langwieriger, mühevoller Arbeit, oft nur mit besonderen Hilfswerkzeugen wieder entfernt werden können. Die Spanführung muß also schon beim Entwurf der Maschine genügend beachtet werden, so daß möglichst alle empfindlichen Teile vor dem Eindringen der Späne geschützt sind und sich die Späne nur an leicht zugänglichen Stellen ansammeln können. Nachdem die Späne beseitigt sind, muß die Maschine mit Putzwolle, besser aber mit Putzlappen und gegebenenfalls auch mit Waschpetroleum gründlich gesäubert werden. Schließlich sind noch alle rostgefährdeten blanken Maschinenteile dünn einzufetten oder einzuölen. Auch die Reinigungsarbeiten müssen vom Abteilungsmeister stets überwacht werden, soll die Pflege der Maschinen auf die Dauer den gewünschten Erfolg haben.

9. Überholen der Werkzeugmaschine. Muß die Maschine später bei notwendig werdenden Instandsetzungen oder im Rahmen der planmäßigen Instandhaltungsarbeiten auseinandergenommen werden, so ist zunächst zu entscheiden, ob die Maschine an ihrem Aufstellungsort oder in der Instandhaltungsabteilung zerlegt werden soll, oder ob man sie zum Zwecke der gründlichen Überholung an die Herstellerfirma einsenden soll. Das letzte ist besonders dann zu empfehlen, wenn die Arbeiten größeren Umfang haben oder es sich um eine verwickelte Maschine handelt, deren Überholung ein hohes Maß an Spezialkenntnissen und Erfahrungen verlangt. Es hat ferner den Vorteil, daß die Arbeiten beim Hersteller von geübten Fachleuten schneller durchgeführt werden können, Austauschteile häufig vorrätig sind oder aus der laufenden Fertigung abgezweigt werden können, zudem wird der Hersteller von sich aus gegebenenfalls inzwischen erfolgte Konstruktionsverbesserungen nachträglich auch an der alten Maschine ausführen.

Wird die Maschine von der eigenen Instandhaltungsabteilung überholt, so ist es wichtig, vor Beginn der Arbeiten die Bedienungsanweisung noch einmal gründlich durchzulesen und Ersatzteile rechtzeitig beim Hersteller oder im eigenen Betrieb in Auftrag zu geben. Beim Auseinandernehmen sind alle wichtigen Einstellteile, wie Ringmuttern, Einstellgestänge, Kurvenscheiben usw. in ihrer gegenseitigen Lage zu markieren, besonders auch mehrmals vorhandene Einzelteile zu kennzeichnen, damit es später beim Zusammenbau möglich ist, alle Teile wieder in die richtige Lage zu bringen und keine Einzelteile versehentlich zu vertauschen. Längere Zeit ausgebaut bleibende Teile müssen rostgeschützt werden. Die Teile werden zweckmäßig in der Reihenfolge des Ausbaues geordnet, gereinigt und in Kästen aufbewahrt, damit der Zusammenbau dann schnell und ohne Sucharbeit vonstatten gehen kann.

Nach erfolgter Überholung wird zweckmäßig beim Probelauf und der Prüfung genau so verfahren wie mit der neuen Maschine.

10. Umbau alter Werkzeugmaschinen. Der heutige große Bedarf an Werkzeugmaschinen und die sich daraus ergebende Schwierigkeit der Neubeschaffung zwingt vielfach, auch ältere Maschinen weiter im Produktionsgang zu halten, als die reine Wirtschaftlichkeitsrechnung für zweckmäßig ergibt. Die große Steigerung der Leistungsanforderungen durch die Entwicklung der Bearbeitungsverfahren, besonders durch die Einführung von Hartmetallwerkzeugen, hat vielfach den Gebrauchswert älterer Maschinen gegenüber neuen derart verringert, daß man bestrebt ist, ihre Leistungsfähigkeit durch Umbau zu verbessern. Gleichlaufend damit besteht aus verschiedenen Gründen, die hier nicht näher erörtert werden sollen, das Bestreben, Maschinen, die früher im Gruppenantrieb arbeiteten, auf Einzelantrieb umzustellen.

Man nimmt zunächst an, daß diese Umstellung mit der Instandhaltung der Werkzeugmaschinen überhaupt nichts zu tun hat, und doch soll diese Frage hier kurz gestreift werden, da es sich immer wieder gezeigt hat, daß die umgebauten Maschinen häufig Störungen gezeigt haben, die sich bei sachgemäßem Umbau hätten vermeiden lassen. Außerdem wird die Umbauarbeit ja in vielen Betrieben von der Instandhaltungsabteilung durchgeführt werden. Auf die Beachtung der betrieblichen Notwendigkeiten und die Kostenfrage soll hier nicht näher eingegangen werden.

Im allgemeinen wird mit dem Umbau einer älteren Maschine eine Verengung des Arbeitsbereiches einhergehen, auch wenn die Verwendung als Einzweckmaschine an sich nicht geplant ist. Meistens soll die alte Maschine nur zum Vorbearbeiten von Werkstücken benutzt werden, weil man glaubt, daß mit der Maschine höhere Arbeitsgenauigkeiten nicht mehr erreicht werden können. Hier liegt aber ein sehr weit verbreiteter Irrtum. Es ist im allgemeinen leichter, aus einer alten Maschine eine einwandfreie und brauchbare Schlichtmaschine herzustellen, als eine wirklich wirtschaftlich arbeitende Vorarbeits- oder Schruppmaschine. Eine Schruppmaschine erfordert heute eine hohe Spanleistung, und es ist nicht damit getan, eine alte Maschine mit einem möglichst starken Einzelantriebsmotor zu versehen, denn man muß bald feststellen, daß die Maschine im ganzen oder in einzelnen Teilen für eine derartige Leistung zu schwach gebaut ist. Hier stellen sich dann laufend Schäden ein, die entweder eine meist sehr kostspielige Verstärkung der Maschine notwendig machen, oder man kann auf der Maschine eben doch nicht die gewünschte Schnittleistung erreichen und der ganze Umbau hätte nicht den erwarteten Erfolg. Anders liegt es beim Umbau älterer Maschinen zu Schlichtmaschinen. Hier wird im wesentlichen eine Erhöhung der Schnittgeschwindigkeit gefordert, während die Spanleistung in den Grenzen bleibt, die der Aufbau und die Starrheit der Maschine durchaus zuläßt. Auch hier genügt natürlich nicht die bloße Erhöhung der Antriebsdrehzahl, um eine einwandfreie Maschine zu erhalten. Vor allem müssen die Lagerungen der mit erhöhter Drehzahl umlaufenden Wellen und Spindeln eingehend geprüft und die Schmiereinrichtungen entsprechend geändert werden. In vielen Fällen wird man die Dochtschmierung in eine Umlauf- oder Druckschmierung umbauen müssen usw. Es ist ferner darauf zu achten, daß manche Maschinenteile auszuwuchten sind, bei denen es vorher nicht notwendig war, gegebenenfalls sind Ölspritzringe und Schutzhauben nachträglich anzubringen, Kühlwasser- oder Kühlöleinrichtungen sind zu verstärken oder neu anzulegen usw. Die geforderte Arbeitsgenauigkeit macht es meist auch notwendig, Bett- und Schlittenführungen nachzuschaben und zu richten, gegebenenfalls sind auch Transportspindeln nachzuschneiden und die dazu gehörenden Muttern zu erneuern. Auf jeden Fall hat man bei einer solchen sorgfältig umgebauten Maschine eine größere Gewähr für einen störungsfreien Betrieb als bei einer überlasteten Schruppmaschine unzulänglicher Ausführung, und damit ist der wirtschaftliche Einsatz der alten Maschine besser durchgeführt. Natürlich darf man diese Gesichtspunkte nicht auf alle Maschinenumbauten verallgemeinern, sondern muß von Fall zu Fall unterscheiden, ob die Maschine für den gewünschten Zweck starr genug ist oder wie man sie sonst am zweckmäßigsten in den Fertigungsgang einschalten kann.

B. Getriebeelemente der Werkzeugmaschinen.

Im folgenden Abschnitt sollen die wichtigsten Pflegemaßnahmen an Werkzeugmaschinen zusammengestellt werden und zwar sollen die Elemente, die an den verschiedensten Maschinen immer wiederkehren und deren Pflegezustand maßgebend für die Leistung und Arbeitsgenauigkeit der Werkzeugmaschinen ist, im einzelnen behandelt werden.

11. Führungsbahnen. Von besonderer Wichtigkeit für die Arbeitsgenauigkeit der meisten Werkzeugmaschinen sind die Geradführungen von Supporten, Tischen, Konsolen usw., deren Verschleiß und vor allem deren ungleichmäßiger Verschleiß über die ganze Führungslänge der Anlaß für das Nachlassen der Genauigkeit ist. Die Pflegemaßnahmen müssen also in erster Linie auf die Verminderung des Verschleißes abzielen, aber auch schon beim Entwurf der Maschinen muß diesem Gesichtspunkt Rechnung getragen werden. Im Abschnitt über Verschleiß und dessen Ursachen wurden die wesentlichen Maßnahmen zur Verschleißminderung angedeutet:

1. Günstige Werkstoffwahl.
2. Geringe Belastung.
3. Geeignete Schmierung.
4. Schutz gegen Verunreinigungen.

Als Werkstoff für Führungsbahnen an Werkzeumaschinen steht Gußeisen bei weitem. im Vordergrund. Wie im Abschnitt über Verschleiß durch gleitende Reibung dargelegt wurde, ist die Härte des Werkstoffes allein nicht maßgeblich für ein günstiges Verschleißverhalten Es hat sich zwar herausgestellt, daß Führungsbahnen mit einer Brinellhärte von 180 bis 200 kg/mm^2 im allgemeinen einen geringen Verschleiß zeigen, wenn man eine geeignete Wahl der Gefügebestandteile beachtet. Während man früher zur Erzielung einer möglichst hohen Härte an den Führungsbahnen die Gußformen weitgehend mit Abschreckplatten ausrüstete, kommt man heute mehr und mehr davon ab und verwendet Mangan und Molybdän sowie Stahlschrott als Zuschläge zum Gußeisen. Andererseits wird neuerdings das Brennhärten [1] zur Erhöhung der Verschleißfestigkeit der Führungsbahnen immer mehr in Anwendung gebracht. Versuche haben ergeben, daß es nicht möglich ist, jedes Gußeisen erfolgreich zu härten, daß vielmehr die Zusammensetzung und der Gefügeaufbau des Gusses einen wesentlichen Einfluß auf die Änderung der Verschleißfestigkeit durch Oberflächenhärtung hat. Zur Härtung langer Führungsbahnen sind von den Spezialfirmen besondere Maschinen und Einrichtungen geschaffen worden, und diese Firmen werden dem Interessenten gern nähere Auskunft über ihre Erfahrungen geben.

Wichtiger als der Werkstoff selbst ist die geeignete Paarung der Gleitflächenwerkstoffe, und es hat sich gezeigt, daß die Paarung zweier gleicher Werkstoffe fast immer den größtmöglichen Verschleiß ergibt, woraus sich die Regel ableitet, daß man stets verschiedene Werkstoffe paaren soll. Es kann aber durchaus Gußeisen mit Gußeisen gepaart werden, wenn es sich um zwei verschiedene Sorten handelt. Beide Werkstoffe werden dann einen verschieden großen Verschleiß zeigen, und es muß darauf geachtet werden, daß der größere Verschleiß

[1] Werkstattbuch Heft 89, „Brennhärten“.

stets an dem Teil auftritt, welcher mit den geringeren Kosten erneuert werden kann. Dieser Gesichtspunkt ist besonders bei langen Führungsbahnen mit kurzem darauf gleitendem Schlitten zu beachten, da die Schlittenbewegung in vielen Fällen nicht immer über die gesamte Führungsbahn reicht. Am Schlitten kann leicht eine Nachstellmöglichkeit vorgesehen werden, während eine ungleich abgenutzte Führungsbahn nur mit hohen Kosten nachgearbeitet werden kann. Besonders günstig ist das Verschleißverhältnis bei Verwendung eines Gußschlittens auf einer gehärteten Stahlführung (Abb. 8). Hierbei wird die Stahlführung einstellbar auf dem Maschinenkörper angeordnet und kann unabhängig von diesem ausgerichtet und bei ungleichem Verschleiß der Führung nachgestellt werden.

Abb. 8. Eingesetzte, justierbare Führungsbahnen aus gehärtetem Stahl [17].

Die Gefahr, daß bei den Werkzeugmaschinen eine zu starke Belastung der Gleitflächen eintritt, ist sehr gering, da die Gleitschlittenflächen stets groß genug ausgeführt werden müssen, um ein Verkanten des Schlittens und die damit verbundene Arbeitsungenauigkeit der Maschine zu verhindern.

Die wesentlichste Pflegemaßnahme zur Verminderung des Verschleißes ist die einwandfreie Schmierung der Geradführungen, und es muß daher auf die Vorgänge bei der Schmierung etwas näher eingegangen werden. Um eine einwandfreie Schmierung zu erreichen, muß man die Einführung und Verteilung des Schmierstoffes zweckmäßig anordnen, wobei das Ziel ist, eine über die gesamte Gleitfläche erstreckte, möglichst gleichmäßig starke Schmierschicht zu erhalten. Es muß also beim Entwurf der Schmierung auf den Druck bzw. die Druckverteilung und die Gleitbewegung geachtet werden. Da der Druck der Schmierschicht im allgemeinen größer ist als der Druck der Schmierstoffzuleitung, muß die Verteilung des Schmierstoffes von der Gleitbewegung hervorgerufen werden, und andererseits ist klar, daß an den Stellen, wo der Schmierstoff eingeführt wird, wegen des geringeren Druckes keine Schmierschicht im eigentlichen Sinne vorhanden sein kann, d. h. diese Stellen fallen für die Übertragung der äußeren Kräfte fort.

Für Gleitflächen mit geradliniger, im allgemeinen hin- und hergehender Bewegung, wird die gesamte Gleitfläche in Tragzonen und Einfüllzonen unterteilt (Abb. 9), wobei die Größe der Zonen von der Belastung und der Hublänge der Bewegung abhängig ist, wenn eine gute Schmierung der Tragzonen erreicht werden soll. Je kleiner der Hub ist, desto häufiger muß die Fläche durch Einfüllzonen unterteilt sein, damit die gesamte Tragzone mit Schmierstoff versorgt werden kann. Je höher aber die Belastung der Fläche ist, desto mehr besteht die Gefahr, daß der Schmierstoff in die Einfüllzonen abfließen kann, desto größer sind also die Tragzonen zu wählen. Der unangenehmste Fall ergibt sich demnach bei kleinen Hüben und gleichzeitig hoher Belastung, wobei man die Schmierung durch hohen Einfülldruck und Wahl eines zähen Schmierstoffes unterstützen muß. Zu beachten ist ferner, daß die Belastung nicht immer gleichmäßig auf die ganze Führungsfläche verteilt ist und daß oft die Lastverteilung mit dem Wechsel der Bewegungsrichtung geändert wird. Die größten Belastungen treten im allgemeinen an den Enden der Führungsflächen auf.

Abb. 9. Quernuten zur Schmierung von Führungsbahnen. *a* = Einfüllzone, *b* = Tragzone, *c* = Einfüllöffnungen.

Der Schmierstoff wird in der Einfüllzone durch eine Schmiernute verteilt und von dort infolge der Gleitbewegung in die Tragzone gefördert. Da der hier vorhandene Druckanstieg in der Schmierschicht nicht plötzlich erfolgt und auf der entgegengesetzten Seite ein Druckabfall in dem von der Tragzone in die Einfüllzone abfließenden Schmierstoff vorhanden ist, ist auch die Einfüllzone bedeutend breiter als die Schmiernute und wegen der Bewegungsrichtung einseitig zu dieser liegend anzunehmen. Die Schmiernute selbst soll nicht zu groß gewählt werden, da sie nie mehr Schmierstoff zu enthalten braucht, als mit einem Hube in die Tragzone einfließen kann, andererseits wird sie ja auch von dem als der gegenüberliegenden Tragzone abfließenden Schmierstoff aufgefüllt. Ist die Schmiernute zu groß, so wird durch den allmählichen Druckanstieg die Einfüllzone unnötig erweitert. Die Kanten der Schmiernuten müssen sorgfältig gerundet werden, damit der Schmierstoff möglichst leicht in die Tragzone einfließen kann und damit nicht ein vielleicht vorhandener Grat die Gegenfläche beschädigt. Es ist ferner darauf zu achten, daß die Schmiernuten allseitig von der Führungsfläche umschlossen sind, damit der Schmierstoff nicht nach außen abfließen und so für den Schmiervorgang verloren gehen kann. Aus dem gleichen Grunde müssen auch sonstige Unterbrechungen der Führungsflächen wie Schraubenlöcher usw. möglichst vermieden oder zumindestens ausgefüllt werden, ganz abgesehen von dem hierdurch bedingten Verlust an Tragzonenfläche.

Die Länge der Tragzone darf nur so groß gewählt werden, daß die Schmierschicht an allen Stellen mit Sicherheit erreicht werden kann, andererseits soll die gesamte Tragzonenfläche möglichst groß sein, um eine geringe Flächenbelastung zu erhalten. Zur Erreichung dieses Zieles ist es am vorteilhaftesten, die Schmiernuten in bestimmten Abständen senkrecht zur Bewegungsrichtung anzuordnen, was aber in der Praxis selten ausgeführt wird, da jede Schmiernute gesondert mit Schmierstoff versehen oder an eine Schmierleitungsverzweigung angeschlossen werden muß. Alle Quernuten durch eine Längsnute in der Führungsfläche zu verbinden, ist unzweckmäßig, da hierdurch ein großer Tragzonenverlust eintritt. Diese kammartige Anordnung der Schmiernuten wird fast ausschließlich an schrägen oder senkrechten Führungsflächen gewählt und die Schmierstoffzuführung an das obere Ende gelegt, damit der Schmierstoff durch Eigengewicht aus der Längsnute in die Schmiernuten fließen kann. Bei waagerechten Führungsflächen sieht man in den meisten Fällen eine zickzackförmig verlaufende Schmiernute vor, bei der der Tragzonenverlust nicht so groß ist (Abb. 10). Ist die Gleitgeschwindigkeit in beiden Bewegungsrichtungen verschieden, was im Werkzeugmaschinenbau häufiger vorkommt, so wird der Schmierstoff in Richtung der langsamen Bewegung stärker mitgenommen als in der entgegengesetzten. Diesem Umstand wird Rechnung getragen, indem der Schmierstoffeinlauf einseitig, also am Ende des schnellen Hubes, angeordnet wird, von wo es infolge der ungleichen Geschwindigkeiten stetig zum entgegengesetzten Ende hin gefördert wird. Bei längeren Führungen sind bei Bedarf mehrere Einfüllstellen vorzusehen, obwohl die ganze Schmiernute einen geschlossenen Linienzug bildet.

Abb. 10. Zickzacknute zur Schmierung von Führungsbahnen. a = Einfüllzone, b = Tragzone, c = Einfüllöffnung.

Der Schutz der Gleitflächen gegen Verunreinigungen ist neben der richtigen Schmierung die wesentlichste Maßnahme, die der Bedienungsmann zur Pflege seiner Maschine treffen kann, während die Werkstoffwahl und die Belastung der Gleitflächen besonders den Konstrukteur und Hersteller angehen. Wenn auch der Führungsbahnschutz schon bei dem Entwurf einer Maschine beachtet werden sollte (Abb. 11), ist es erfahrungsgemäß im Betriebe doch sehr oft notwendig, die Versäumnisse der Hersteller selbst nachzuholen, vor allem aber die Schutzeinrichtungen immer wieder auf ihren einwandfreien Zustand hin zu prüfen. Im übrigen wird auf diese Frage im Abschnitt „Staubschutz an Werkzeugmaschinen" noch näher eingegangen.

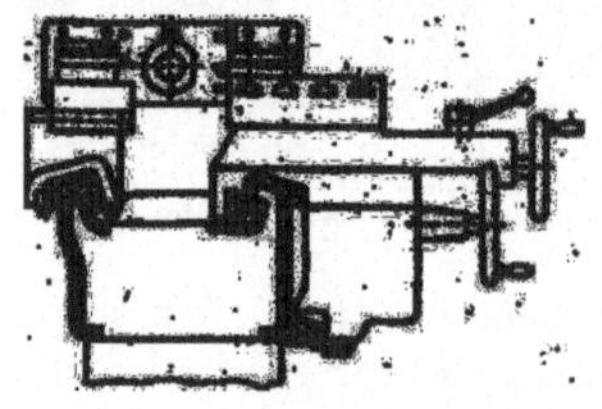
Abb. 11. Bett einer Revolverdrehbank mit geschützten Führungsbahnen [28].

Außer gegen Staub und Späne müssen die Führungsbahnen auch gegen grobe Beschädigungen geschützt werden, wie sie immer wieder durch Auflegen und Aufwerfen von Werkstücken, Werkzeugen und sonstigen Gegenständen hervorgerufen werden. Hier haben sich Abdeckbretter besonders bewährt, die jedoch leider nur in den seltensten Fällen vom Maschinenhersteller mitgeliefert werden. Es empfiehlt sich unbedingt, solche einfache Schutzbrettchen selbst zu den Maschinen passend herzustellen und damit die freien Teile der Führungsbahnen abzudecken wobei diese Brettchen gut als Ablegeplatz für Werkstücke und Werkzeuge dienen können und gegebenenfalls hierfür besonders auszugestalten sind (Abb. 12). Für die Ablage von Meßwerkzeugen und Lehren ist es zweckmäßig, das Schutzbrett mit Tuch oder Filz zu be legen. Zuweilen findet man auch eine Filzdecke für diesen Zweck auf dem Getriebekasten der Maschine angebracht. Diese Ablagen haben den Nachteil, daß die Meßgeräte durch die Getriebewärme gegebenenfalls unzulässig hoch erwärmt werden. Die Führungsbahnen sind auch unter den Abdeckbrettern regelmäßig zu reinigen und leicht einzufetten.

Abb. 12. Abdeckbretter auf den Führungsbahnen einer Wälzfräsmaschine [36].

Besondere Beachtung verdient der Schutz der Tischflächen von Naßschleifmaschinen wegen der hohen Rostgefahr. Der Tisch sollte stets auch unter den gegebenenfalls vorhandenen Spritzschutzblechen am besten mit einem Korrosionsschutzfett dick eingefettet werden, welches vor dem Versetzen des Reitstockes abzuwischen ist. Ebenso sind Magnetspannplatten und Reitstöcke etwa alle 750 Betriebsstunden abzunehmen und die darunter liegenden Tischflächen sorgfältig zu reinigen und leicht einzufetten, um eine Rostbildung mit Sicherheit zu verhindern.

12. Gleitlager. Die wichtigste Pflegemaßnahme zur Erhaltung der Lebensdauer von Gleitlagern ist die einwandfreie Schmierung.

Bei der Anordnung von Schmiernuten in Gleitlagern für Welle und Zapfen ist die Drehrichtung und die Belastungsrichtung zu beachten. Genaue Untersuchungen des Druckes in der Schmierschicht haben gezeigt, daß der Druckgrößtwert gegen die Belastungsrichtung um einen kleinen, mit zunehmender Gleitgeschwindigkeit größer werdenden Winkel in der Drehrichtung vorauseilt und daß etwa rechtwinklig hierzu eine Unterdruckstelle nacheilt. Da die Schmiernuten möglichst in der Unterdruckstelle angeordnet werden sollen, ergibt sich für Lager mit fester Belastungs- und Drehrichtung die günstigste Lage der Schmiernute etwa im rechten Winkel gegen die Belastungsrichtung entgegen dem Drehsinn versetzt. Für Lager mit wechselndem Drehsinn müßte dann eine zweite Schmiernute der ersten gegenüberliegend vorhanden sein. Diese würde jedoch ein Abfließen des Schmierstoffes aus der Druckzone und damit eine Druckverringerung bewirken, weswegen man in diesem Falle nur eine Schmiernute und zwar der Belastungsrichtung entgegengesetzt wählt. Bei Lagern mit wechselnder Belastungsrichtung, also z. B. bei Kurbel- und Exzentertrieben, starker Unwucht usw. muß die Hauptbelastungsrichtung unter Berücksichtigung des Eigengewichts der Welle und der Getriebeteile ermittelt werden, um die Schmiernute in der richtigen Lage anordnen zu können.

Die Schmiernute soll auch hier nicht zu groß, flach und ohne scharfe Kanten sein, so daß der Schmierstoff tangential leicht in die Tragzone fließen kann, senkrecht zur Bewegungsrichtung, also parallel zur Achse liegen und nicht aus dem Lager herausgeführt werden. Dabei muß aber die Schmiernute bis dicht an die Lagerenden reichen, denn eine allzu große Vorsicht führt hier häufig zu Lagerschäden. In der Praxis erlebt man zuweilen, daß Lager, die an den Enden gefressen hatten, nach dem Verlängern der Schmiernute bis an die Lagerenden einwandfrei, jedoch mit großem Schmierstoffverlust laufen. Der Grund für die Lagerbeschädigung liegt dabei in den meisten Fällen nicht etwa in der falschen Führung der Schmiernuten, sondern an der allzu groß gewählten Lagerlänge. Wegen der Durchbiegung der Welle im Getriebe ist die Belastung an den Lagerenden besonders groß. Soll ein bestimmtes Lagerspiel eingehalten werden, so ergibt sich eine von der Durchbiegung abhängige größte Lagerlänge, die zur Vermeidung von Schäden nicht überschritten werden darf. Für kleinste Lagerspiele ist das Verhältnis der Lagerlänge zum Wellendurchmesser kleiner als 1, für normale Lagerspiele etwa 1,2 bis 1,5 zu wählen.

Zur Verringerung des Verschleißes ist es auch hier unbedingt erforderlich, daß das Eindringen von Schmutz und Fremdkörpern sowie Wasser in die Lagerstelle verhindert wird. Bei fettgeschmierten Lagern wird soviel Fett in die Lagerstelle gepreßt, bis am Rande eine geringe Menge hervortritt. Dieser kleine Fettkragen zeigt nicht nur die genügende Schmierung an, sondern macht gleichzeitig das Eindringen von Staub und Verunreinigungen in die Schmierstelle unmöglich. Bei ölgeschmierten Lagern ist oft eine besondere Abdichtung der Schmierstelle durch Filzringe oder besonders ausgestaltete Dichtungsringe vorteilhaft, um erstens das Eindringen von Staub und zweitens das Austreten des Schmierstoffes und den damit verbundenen Schmierstoffverlust zu verhindern (Abb. 13). Bei Druckschmierung ist das Eindringen von Verunreinigungen in das Lager wegen des dort herrschenden Überdruckes nicht möglich. Filzdichtungen werden auch häufig bei Wälzlagerungen benutzt, aber sie erfüllen nur dann ihren Zweck, wenn sie von Zeit zu Zeit erneuert oder mit einem Lösungsmittel ausgewaschen werden, denn die Öltränkung des Filzes führt mit dem dort festgehaltenen Staub nach längerer Betriebszeit zu einer Erhärtung des Filzes, so daß die Dichtung unwirksam wird (Abb. 14).

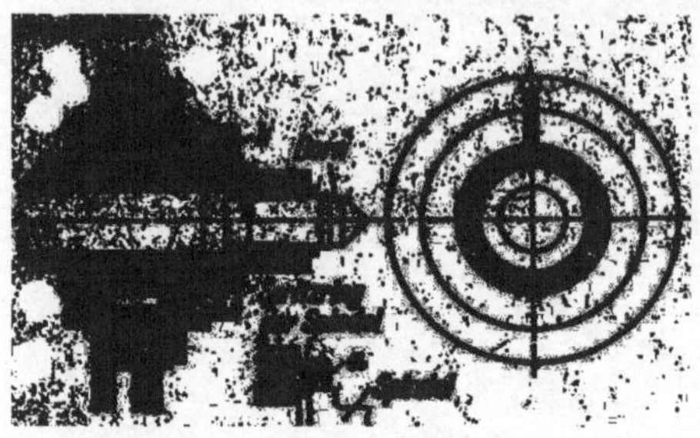

Abb. 13. Abdichtung eines Drehbankspindellagers gegen Eindringen von Schneidöl und Schmutz. *a* einfache Filzdichtung, *b* Dichtungsring (Bauart Simmerring) [29a].

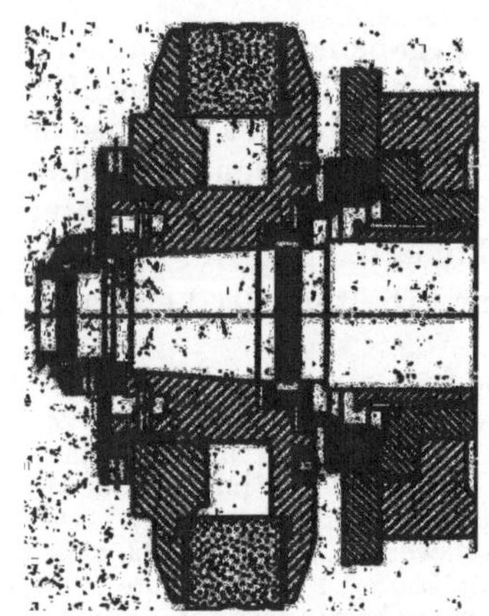

Abb. 14. Dichtung eines Schleifspindellagers durch Labyrinth-Dichtung und Haarspalt [17].

Nicht immer ist der Ölverlust und der Schutz gegen Eindringen von Staub und Wasser in die Lagerstelle der einzige Grund zur Anbringung einer Dichtung, denn auch das austretende Schmieröl selbst kann gegebenenfalls zu Störungen Anlaß geben, besonders wenn es auf Reibungskupplungen oder Riementriebe trifft, wobei die übertragbare Leistung durch die Ölbenetzung bedeutend herabgesetzt wird (Abb. 15).

Besonders betont werden soll noch, daß das Lagerspiel und die Schmierung genau aufeinander abgestimmt sein müssen, d. h. jeder Wechsel der Schmierstoffsorte macht eine Prüfung und gegebenenfalls Änderung des Lagerspieles erforderlich. Empfindliche Spindellager sind im allgemeinen mit einstellbarem Lagerspiel ausgeführt, und es ist gegebenenfalls zweckmäßig, unbefugtes Nachstellen der Lager durch Plombieren zu verhindern, wobei natürlich vorausgesetzt wird, daß das Einfüllen eines falschen Schmierstoffes in die Schmiereinrichtung des Lagers ebenfalls verhindert wird.

13. Wälzlager[1]. Wälzlager finden bei fast allen Werkzeugmaschinen Verwendung und in sehr vielen Fällen ist gerade von ihnen die Arbeitsgenauigkeit und Laufruhe der Maschine abhängig. Es ist daher selbstverständlich, daß wir auch

[1] Vgl. Werkstattbuch Heft 29, „Einbau und Wartung der Wälzlager".

der richtigen Pflege dieses Maschinenelementes unsere besondere Aufmerksamkeit zuwenden müssen. Der einwandfreie Lauf und die Lebensdauer hängen sowohl von der sorgfältigen Behandlung wie auch von der Wahl der richtigen Lagertype und vom richtigen Einbau ab.

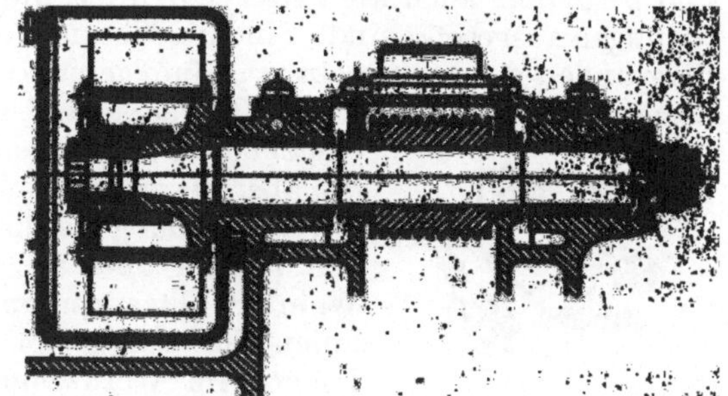

Abb. 15. Spritzölgeschützter Einbau eines Keilriementriebes an einer Schleifmaschine [17].

Bei den Wälzlagern steht neben der geringen gleitenden Reibung die Rollreibung im Vordergrund. Der Verschleißvorgang läßt sich an einer zunächst gleichmäßigen Mattierung der beanspruchten Laufflächen beobachten, der ein späteres Abschälen oder Ausbröckeln der Oberflächenschicht folgt. Zur Schmierung werden im allgemeinen besondere Wälzlagerfette gewählt, obwohl der Verschleiß durch die Schmierung bei weitem nicht in dem Maße beeinflußt werden kann, wie es bei Gleitlagern möglich ist. Die Lebensdauer ist also vor allem von der Belastung und der Rollgeschwindigkeit abhängig, worüber die Wälzlagererzeuger sehr eingehende Untersuchungen durchgeführt haben, und es wird daher empfohlen, sich bei der Verwendung von Wälzlagern an die von den Herstellern gegebenen Richtlinien zu halten, wobei aber ausdrücklich bemerkt werden muß, daß die Belastungs-Lebensdauer-Abhängigkeit für den Gebrauch im allgemeinen Maschinenbau zugeschnitten ist, während besonders bei empfindlichen Lagerungen im Werkzeugmaschinenbau stets nur ein Bruchteil der zulässigen Belastung ausgenutzt werden sollte. In allen Zweifelsfällen empfiehlt es sich, den Rat der Wälzlagerhersteller einzuholen.

Die Lager werden vom Hersteller eingefettet geliefert, was jedoch keinen vollen Schutz gegen Rostbildung bietet. Daher müssen die Lager stets in trockenen Räumen aufbewahrt werden. Um beim Einbau das Eindringen von Schmutz und Staub in das Lager möglichst sicher zu verhindern, sollte das Lager stets erst unmittelbar vorher aus der Verpackung genommen werden. Es darf dann auch nicht offen auf die Werkbank usw. gelegt werden, da jede Unreinlichkeit allzu leicht an der Schutzfettschicht hängen bleibt. Das Schutzfett wird nicht entfernt, sondern das gefettete Lager wird sofort eingesetzt, nachdem man die Welle und die Bohrung sorgfältig gereinigt hat.

Voraussetzung für den einwandfreien Lauf des Lagers ist eine genau runde und zylindrische Welle und Bohrung, da sich die Formfehler der Sitzflächen auf die Laufbahnen der Wälzkörper übertragen und ein Verspannen der Laufringe eintreten kann. Infolge der ungleichen Beanspruchung und damit auch des ungleichen Verschleißes der Laufflächen kann der einwandfreie Lauf der Lagerung in kurzer Zeit in Frage gestellt werden. Dieser Umstand verdient gerade bei den Lagern im Werkzeugmaschinenbau besondere Beachtung, da hier vielfach Lager mit besonders hoher Genauigkeit verwendet werden. Welle und Bohrung müssen außerdem innerhalb der von den Wälzlagerherstellern angegebenen Herstellungstoleranz liegen, denn die Lager haben vor dem Einbau stets ein bestimmtes Spiel, welches beim Einbau durch Aufweitung des Innenringes bzw. Zusammenziehen des Außenringes so weit vermindert werden soll, daß ein einwandfreier Lauf erreicht wird. Sind nun die Übermaße von Welle und Bohrung zu klein gewählt, so ist das Lagerspiel für den Betrieb zu groß, wir erhalten nicht die gewünschte Laufruhe und es tritt bei zu losem Sitz leicht eine zusätzliche Dauerschlagbeanspruchung des Lagers ein. Daneben treten dann auch häufig an den Sitzflächen Verschleißerscheinungen auf, wie sie beim Passungsverschleiß näher beschrieben sind. In dieser Hinsicht sind besonders auch die Lager gefährdet, die beim Stillstand starken Wechselbelastungen ausgesetzt sind. Sind die Übermaße dagegen zu groß, so tritt ein radiales Verspannen des Lagers ein, was infolge zusätzlicher Belastung zu einem erhöhten Lagerverschleiß führt. Die Übermaße sind also dann richtig gewählt, wenn am eingebauten Lager gerade kein Radialspiel mehr fühlbar ist, aber der zügige Lauf fühlen läßt, daß die Wälzlager nicht unter Spannung laufen. Im allgemeinen wird das Übermaß der Welle größer als das der Bohrung gewählt. Für die Wahl der Sitze werden von den Wälzlagerherstellern Richtlinien herausgegeben. Bei erschütterungsempfindlichen Lagern im Werkzeugmaschinenbau sollte stets eher ein festerer als ein zu loser Sitz gewählt werden.

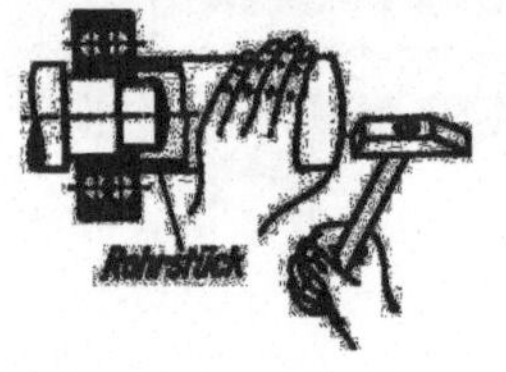

Abb. 16. Auftreiben eines Wälzlagerinnenringes [37].

Das Übermaß der Welle macht es notwendig, daß kleinere Lager mit Hilfe eines Rohrstückes durch eine Dornpresse oder leichte Hammerschläge aufgedrückt werden müssen, wobei stets ein Rohr mit genügend kleinem Innendurchmesser zu verwenden ist, damit das Lager nicht beschädigt werden kann (Abb. 16 u. 17). Beim Einbau größerer Lager werden diese zweckmäßig etwa auf 70° C erwärmt und lassen sich dann gut auf die Welle schieben.

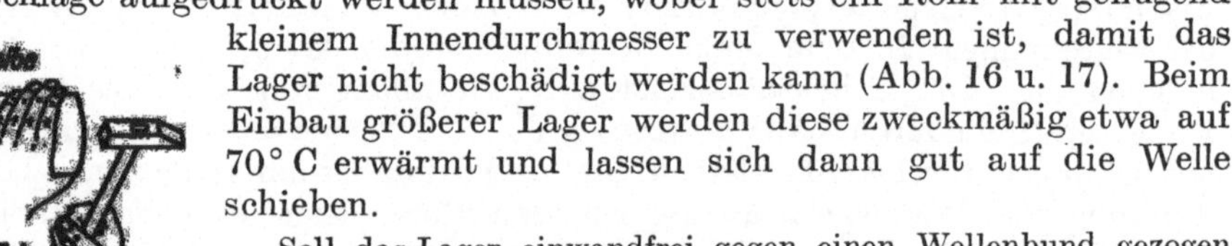

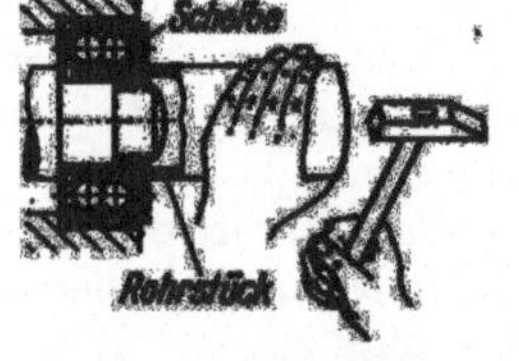

Abb. 17. Einbau eines Wälzlagers durch gleichzeitiges Eintreiben von Innen- und Außenring [37].

Soll das Lager einwandfrei gegen einen Wellenbund gezogen werden, so muß der Bund an der Stirnfläche möglichst genau laufen, und der Abrundungshalbmesser des Bundes darf nur etwa das 0,6fache der Lagerabrundung betragen, da sonst das Lager verspannt wird. Die Bundhöhe soll möglichst nur so hoch gemacht werden, daß das Lager durch Angreifen am Innenring abgezogen werden kann. Muß der Bund jedoch aus irgendwelchen Gründen höher ausgeführt werden, so sollten doch wenigstens Aussparungen vorgesehen werden, die es ermöglichen, das Lager ohne Beschädigung auszubauen. Sinngemäß das gleiche gilt auch für den Lageraußenring und den Bohrungsbund. Die Sitzflächen des Lagers sollen glatt, d. h. möglichst geschliffen bzw. gerieben oder feingebohrt sein, da sich die Drehriefen gegebenenfalls unter Last einebnen können und so ein Lockerwerden des Lagers verursachen.

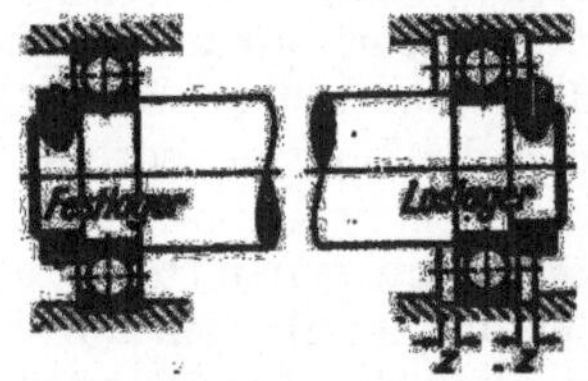

Abb. 18. Mehrfache Wälzlagerung. Das Loslager kann sich durch Verschieben des Außenringes einstellen. z = möglicher Verschiebeweg [37].

Um einen ruhigen Lauf und hohe Lebensdauer von Wälzlagern zu erreichen, muß jede Verklemmung und Verspannung vermieden werden. Aus diesem Grunde darf bei mehrfacher Lagerung nur ein Lager, im allgemeinen das am wenigsten schwer belastete, seitlich festgelegt werden, so daß durch Wärmeunterschiede verursachte Längenänderungen sich nicht schädlich auswirken können (Abb. 18). Ist mit Verbiegungen der Welle unter Last oder Winkelfehlern beim Einbau zu rechnen, so sollten Pendelkugellager oder andere selbst einstellende Lager benutzt werden, bei denen ein Verklemmen ausgeschlossen ist.

Kegelrollenlager und Schulterkugellager werden stets paarweise eingebaut und so eingestellt, daß sich die Welle gerade spielend leicht drehen läßt. Die Nachstellelemente werden meist am Außenring eines Lagers vorgesehen, wobei der Sitz so zu wählen ist, daß sich der Ring leicht im Gehäuse verschieben läßt. Diese Art der Lagerung kommt jedoch nur bei kurzen Wellen mit geringer Wärmeausdehnung in Frage. Kegelrollenlager werden im Werkzeugmaschinenbau an Wellen mit hohen Anforderungen an Laufruhe und Schlagfreiheit, wie z. B. an Arbeitsspindeln,

Bohrspindeln usw. nur selten angewandt, da die erreichbare Herstellungsgenauigkeit eines Kegelrollenlagers erfahrungsgemäß etwas geringer ist als die von Kugel- oder Zylinderrollenlagern. An anderen Getriebewellen werden sie jedoch wegen ihrer relativ geringen Einbauempfindlichkeit und der bequemen Einstellung gern benutzt.

Abb. 19. Einbaufehler am Längslager. Winkelfehler zwischen den Anlageflächen beider Laufringe [37].

Für den Einbau von Längs- und Wechsellagern gilt sinngemäß das gleiche wie für Querlager. Auch hier müssen Verlagerungen durch ungenaue Vorarbeit, wie Winkelfehler und Parallelversetzung, auf jeden Fall vermieden werden, weil diese stets zur vorzeitigen Zerstörung des Lagers führen (Abb. 19 u. 20). Außerdem tritt dann ein Längsschieben der Welle ein, was gerade im Werkzeugmaschinenbau häufig unzulässig große Arbeitsfehler der Maschine hervorruft. Es muß also dafür gesorgt werden, daß die Kugeln stets gleichmäßig in der Rillenmitte beider Lagerschalen laufen. Sind Ungenauigkeiten in der Bearbeitung oder beim Zusammenbau nicht zu vermeiden, so werden vorteilhaft ballige Lager mit Einstellscheiben benutzt. Werden diese gemeinsam mit Pendellagern eingebaut, so muß die gegenseitige Lage der Lager so gewählt werden, daß die Einstellmittelpunkte zusammenfallen (Abb. 21).

Abb. 20. Einbaufehler am Längslager. Parallelversetzung beider Laufringe [37].

Genau die gleiche Umsicht, die beim Einbau von Wälzlagern notwendig ist, ist auch beim Ausbau zu beachten. Es darf hierbei vor allen Dingen niemals so gearbeitet werden, daß die Wälzkörper und die Wälzkörperbahnen durch Druck oder Schlag beschädigt werden können. Der Sitz des Außenringes muß also möglichst durch gleichmäßigen Kraftangriff am Außenring gelöst werden. Entsprechend muß beim Lösen des Innenringes gleichmäßig am Innenring angegriffen werden, wobei man zweckmäßig geeignete Abziehvorrichtungen benutzt.

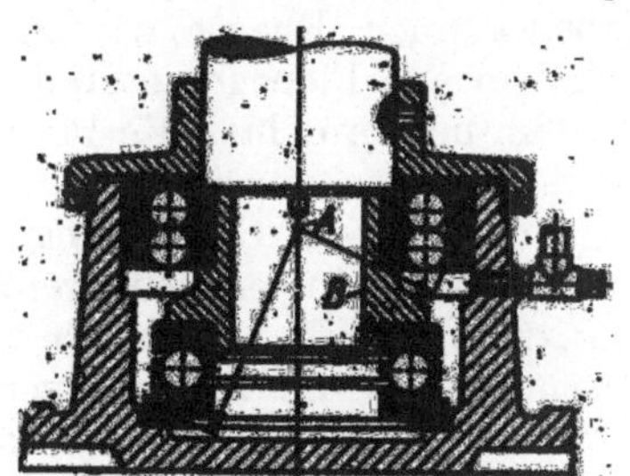

Abb. 21. Richtiger Lagerabstand bei Einstellagerung [37]. A = gemeinsamer Schwenkmittelpunkt, B = Spurzapfensitz.

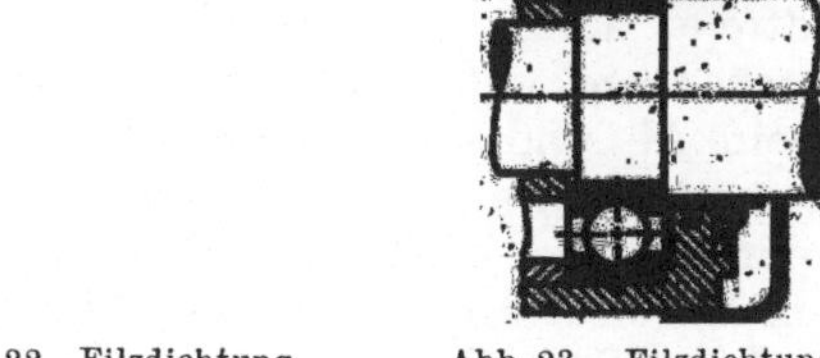

Abb. 22. Filzdichtung mit Ölspritzringen [37].

Abb. 23. Filzdichtung mit Lederstulpe [37].

Nach der richtigen Auswahl der Lagertype und dem sachgemäßen Einbau bleibt als wesentliche Pflegemaßnahme des Wälzlagers nur noch die richtige Schmierung sowie die Abdichtung gegen das Eindringen von Schmutz und Wasser (Abb. 22 u. 23). Wälzlager werden im allgemeinen mit besonderen Wälzlagerfetten geschmiert, wobei darauf zuachten ist, daß der freie Raum im Wälzlager höchstens zu $^2/_3$ mit Fett gefüllt wird, da andernfalls das Fett durch die kräftige innere Bewegung stark erwärmt wird und herausläuft. Ein großer Teil der Lagerstörungen sind erfahrungsgemäß auf Überfettung zurückzuführen. Werden die Wälzlager an den Schmierkreislauf des Getriebes angeschlossen, so ist darauf zu achten, daß sie ständig mit zufließendem Frischöl in Berührung kommen, Spritzschmierung wird im allgemeinen nicht ausreichend sein, da die Lager meist tief in die Gehäuse eingelassen sind. Für die Abdichtung der Lager gilt sinngemäß dasselbe wie bei Gleitlagern.

14. Kupplungen. Die wesentlichste Voraussetzung für die lange Lebensdauer von Kupplungen ist der einwandfrei fluchtende Einbau der Wellenenden und Kupplungsteile. Das gilt sowohl für feste, elastische, wie auch für Schaltkupplungen. Der richtige Einbau wird geprüft, indem man beide Kupplungshälften an den Wellenenden betriebsmäßig befestigt, jedoch die Mitnehmerteile entfernt, so daß sich beide Kupplungshälften nicht berühren und unabhängig voneinander bewegen lassen. Am Umfang der Kupplungsteile werden Marken gemacht, die sich bei den nun folgenden Prüfungen stets gegenüberliegen müssen. Ist der axiale Abstand zwischen beiden Kupplungsteilen mit einem Spion an den markierten Stellen, in vier um 90° zueinander versetzten Stellungen gemessen, gleich, so liegen die beiden Achsen zueinander parallel. Außerdem müssen die beiden Achsen jedoch fluchten, d. h. bei gleichzeitiger Drehung beider Kupplungsteile darf keine gegenseitige Verschiebung quer zur Achse vorhanden sein, was einfach z. B. mit einer Meßuhr wieder in mindestens 4 Stellungen geprüft werden kann (Abb. 24).

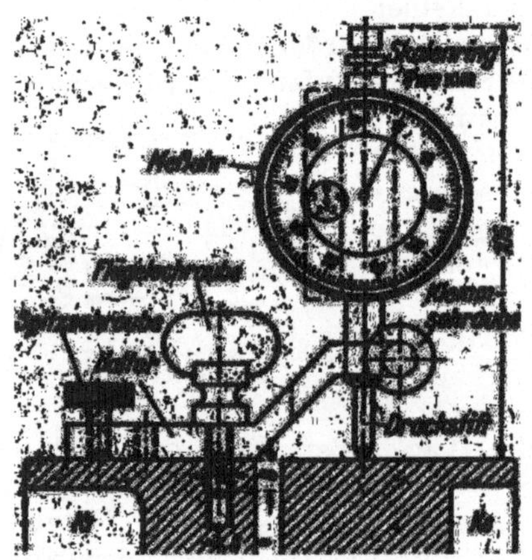

Abb. 24. Vorrichtung mit Meßuhr zum Ausrichten von Kupplungen [38]. K_1, K_2 = Kupplungshälfte.

Der genaue Zusammenbau muß auch bei elastischen Kupplungen beachtet werden, da sonst übermäßige Beanspruchungen der Kupplung, der Lagerung und der Wellenenden eintreten, die einen erhöhten Verschleiß, starke Geräusche und Dauerbrüche zur Folge haben können. Ebenso wichtig ist der richtige Anbau von Flanschmotoren, die im Werkzeugmaschinenbau sehr häufig benutzt werden, nur kann hier die Prüfung an der Kupplung in den meisten Fällen nicht vorgenommen werden. Ein einwandfreier Lauf des Antriebes kann nur durch sorgfältigste Herstellung der Flanschanlage- und Zentrierflächen des Motors und der Maschine erreicht werden.

Beim Ab- und Aufziehen von Riemenscheiben, Ritzeln, Kupplungskörpern usw. ist besonders darauf zu achten, daß die Schlagbelastung nicht von den Lagern aufgenommen wird, die hierdurch leicht beschädigt werden können. Es ist also in jedem Falle für eine genügende Abstützung der Welle zu sorgen.

Bei den Schaltkupplungen treten je nach der Konstruktion, z. B. bei Klauenkupplungen mit schrägen Zähnen, Axialkräfte auf, die, wenn sie nicht richtig aufgenommen werden, zum unbeabsichtigten Lösen der Kupplung führen und hierdurch Maschinenschäden hervorrufen können. Im Werkzeugmaschinenbau werden die Klauenkupplungen daher immer mehr durch Außen- und Innenverzahnung ersetzt, wobei dieser Nachteil nicht besteht und außerdem das Außenzahnrad in der ausgekuppelten Stellung noch eine weitere getriebliche Funktion übernehmen kann. Die Zähne sind zur Erleichterung des Einkuppelns und zur Vermeidung von Beschädigungen der Zähne auf jeden Fall gut zu verrunden.

Bei den Reibungskupplungen wird die früher gebräuchliche Kegelkupplung mehr und mehr durch die Mehrscheibenkupplung verdrängt, weil diese, richtige Einstellung vorausgesetzt, eine höhere Lebensdauer hat. Diese Kupplungen müssen so eingestellt werden, daß im eingerückten Zustand die gewünschte Leistungsübertragung erreicht wird, während im gelösten Zustand kein großer Verschleiß der Lamellen stattfinden darf, d. h. die Reibung muß möglichst klein gehalten werden.

15. Riemen- und Kettentriebe. Ebenso wie bei den Kupplungen ist auch bei den Riemen- und Kettentrieben der richtig fluchtende Einbau die Voraussetzung für einen störungsfreien Betrieb und für lange Lebensdauer des Triebes. Bei Kettentrieben macht sich die falsche Achslage besonders durch Geräusche, bei Riementrieben durch Ablaufen des Riemens bemerkbar. Hierbei ist der genügende Durchhang der Kette bzw. des Riemens zu beachten, da durch zu starke Spannung die Lager überlastet werden können.

Daneben ist die richtige Wahl des Riemens und dessen richtige Pflege wichtig für die Lebensdauer. Über die Auswahl des Riemens finden sich in der Literatur zahlreiche Angaben. Der Lederriemen erfordert eine sorgfältige Pflege, vor allem muß verhindert werden, daß er durch Spritzöl verschmiert wird, wodurch seine Haftfähigkeit an der Scheibe verringert und die Schlupfgefahr erhöht wird. Verölte Riemen werden zweckmäßig einige Stunden in Tri gereinigt, getrocknet und frisch mit Talg oder Tran getränkt, um sie vor Eindringen von Feuchtigkeit zu schützen und geschmeidig zu halten. Es sind ausführliche Versuche gemacht worden, um das geeigneteste Lösungsmittel zum Reinigen von verölten Lederriemen zu ermitteln, wobei sich Tri und Benzin am besten bewährt haben (Abb. 25).

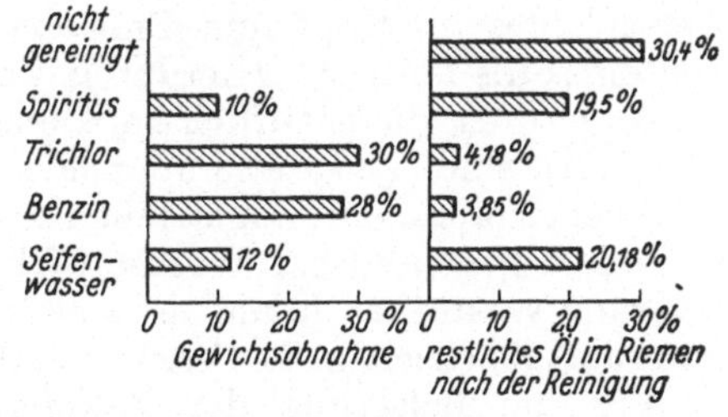

Abb. 25. Reinigen von Treibriemen. Ergebnis einer Untersuchung über das Reinigen von Leder-Treibriemen mit verschiedenen Mitteln [3].

Um den Schlupf möglichst klein zu halten, sollen Lederriemen stets auf der Haarseite laufen. Die Riemenscheiben sollen möglichst glatt sein, um den Riemenverschleiß klein zu halten. Zur besseren Führung des Riemens wird die getriebene Scheibe, bei hohen Riemengeschwindigkeiten auch die treibende Scheibe, ballig ausgeführt.

Endlos gewebte Textilriemen, wie sie meist zum Antrieb von Schleifspindeln dienen, müssen ebenfalls sorgsam vor Verölung geschützt werden. Diese Riemen werden vom Hersteller imprägniert und sollten, um Beschädigungen durch Knicken zu verhindern, stets bis zur Verwendung auf einem Holzrahmen gespannt aufbewahrt werden.

Besonders Balatariemen und Gummikeilriemen sind empfindlich gegen Verölung, da hier sehr bald eine Zerstörung des Riemens eintreten kann. Bei Keilriemen ist darauf zu achten, daß die Riemenscheibe auch genau zum Riemen paßt. Der Riemen muß einwandfrei an den schrägen Flanken der Rille anliegen. Liegt er im Grund auf, so kommt die zur Kraftübertragung notwendige Keilwirkung nicht zustande, ragt er über die Flankenflächen hinaus, so wird er durch die erhöhte Verformung in kurzer Zeit zerstört (Abb. 26).

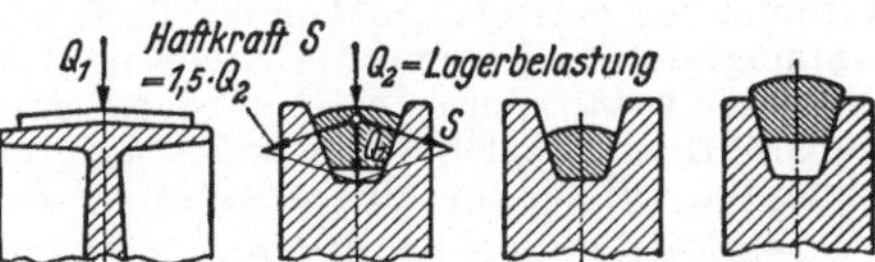

Abb. 26. Haftkraft bei Flach- und Keilriemen [28]. Flachriemen: Haftkraft Q_1 = Lagerbelastung Keilriemen: Haftkraft $S = 1{,}5 \times$ Lagerbelastung Q_2 rechts: falsche Auflage des Keilriemens.

16. Zahnradgetriebe. Die Verschleißvorgänge an Zahnradgetrieben lassen sich schon an Hand der kinematischen Eingriffsverhältnisse der Evolventenverzahnungen, und nur diese sollen hier behandelt werden, voraussehen. Während im Teilzylinder der Zahnflanken kein Zahngleiten auftritt, nimmt dieses zur Kopf-

und Fußzone der Flanken stetig zu. Daher überwiegt im Kopf und Fuß die gleitende Reibung mit den bekannten Verschleißerscheinungen, während in der Nähe des Teilzylinders die typischen Verschleißvorgänge rollender Reibung, wie Abblättern der Oberflächenschicht, besonders aber örtliche Ausbrechungen (Grübchenbildung, Pittings) festgestellt werden können. Für den Verschleiß an Zahnrädern sind also der Zahnradwerkstoff, die Schmierung und die Belastung maßgeblich, wobei die beim Verschleiß durch gleitende Reibung klargestellten Erkenntnisse auch hier sinngemäß gelten.

Durch das Auftreten von rollender und gleitender Reibung wird ein stark ungleicher Verschleiß der Zahnflanken hervorgerufen, so daß infolge des stärkeren Verschleißes im Kopf und Fuß eine völlige Verzerrung des theoretischen Evolventenprofils eintritt. Hierdurch werden Winkelgeschwindigkeits-Schwankungen hervorgerufen, die natürlich bei kleinen Zähnezahlen gradverzahnter Räder besonders stark sind, und diese können als die Hauptursache von ungenügender Laufruhe bei älteren Zahnradgetrieben angesehen werden, besonders wenn sich der Verschleiß in gegenseitiger Wechselwirkung mit dem Verschleiß der Getriebewellenlagerung verstärken kann. Es sollten daher nie Zahnräder ausgewechselt werden. ohne daß gleichzeitig der Gütezustand der Lagerungen geprüft wird und umgekehrt.

Für die Belastung der Zahnflanken sind die Herstellungs- und Einbaufehler besonders wichtig. Um örtliche Überlastungen und damit einen erhöhten Verschleiß zu verhindern, muß darauf geachtet werden, daß die ganze Flankenlänge gleichmäßig an der Kraftübertragung beteiligt ist. Bei Stirnrädern mit gerader oder Schrauben-Verzahnung ist die fehlerhafte Zahnschrägung die Hauptsache des schlechten Tragens, während die Unparallelität der Wellen wegen der meist verhältnismäßig geringen Zahnbreiten nicht so auffällig in Erscheinung tritt. Trotzdem ist der einwandfrei fluchtende Einbau der Räder eine wesentliche Voraussetzung für die lange Lebensdauer. Man kann am Tragbild den richtigen Einbau erkennen, sofern die Zahnräder selbst einwandfrei hergestellt sind.

Bei Getrieben mit Evolventenverzahnung ergibt sich bei etwas zu großem Achsenabstand immer noch ein einwandfreier Eingriff und ruhiges Arbeiten des Getriebes, während man sich vor zu engem Kämmen der Verzahnung, also spielfreiem Eingriff, hüten muß, da die stets etwas fehlerhaft hergestellten Zahnräder nicht nur in der Verzahnung schnell verschleißen und einen unruhigen Lauf zeigen, sondern auch häufig durch Wechselbeanspruchung Ermüdungsbrüche von Wellen und Lagerbeschädigungen zur Folge haben. Ist in Sonderfällen ein spielfreier Eingriff unumgänglich, so ist eine Achse pendelnd und gefedert anzuordnen. Im allgemeinen ist ein Mindestflankenspiel vorzusehen, was auch bei ungünstigster Erwärmung während des Betriebes und unter Berücksichtigung der zulässigen Schlagfehler für die Verzahnung, die Wellen und die Lagerung den Wert von etwa 5 μ nicht unterschreitet. Es hat sich gezeigt, daß sich selbst bei hochwertigen, schnellaufenden Werkzeugmaschinengetrieben ein Größtflankenspiel von etwa 300 μ, sorgfältige Herstellung der Getriebe vorausgesetzt, nicht nachteilig auf die Bearbeitungsgüte auswirkt.

Wesentlich empfindlicher als Stirntriebe sind Schraub-, Schnecken- und Kegeltriebe im Einbau. Hierbei wird der einwandfreie Eingriff vom Achsabstand, dem Achswinkel und der Lage der Verzahnung zu den Achsen sehr stark beeinflußt, und da in den seltensten Fällen bei Instandsetzungen geeignete Meßhilfsmittel zur Hand sein werden, ist man besonders auf die Beurteilung des Tragbildes zur Prüfung des richtigen Einbaues angewiesen und muß hierauf die größte Aufmerksamkeit verwenden, wenn man einen ruhigen Lauf und eine lange Lebensdauer des Getriebes erreichen will.

Bei der Herstellung der Zahnräder geht man in neuerer Zeit mehr und mehr dazu über, den Außendurchmesser mit einer Schlichtzugabe vorzudrehen und ihn beim Verzahnen auf das Fertigmaß mit zu bearbeiten, wobei die Verzahnwerkzeuge so ausgeführt sind, daß die Kopfkante des Zahnes etwas verrundet wird. Hierdurch wird ein weicherer Kopfeingriff und damit ruhigerer Lauf und geringerer Verschleiß erreicht.

Bei Schaltgetrieben sind die eingreifenden Zahnenden gut zu verrunden, damit die Zähne beim Einrücken nicht beschädigt werden. Die auftretende Schlagbeanspruchung führt bei einsatzgehärteten Rädern häufig zum Abblättern der Einsatzschicht. Daher ist hier die Verwendung von zähvergüteten Stählen unbedingt ratsam. Für die Lebensdauer der Räder ist das einwandfreie Abrunden der Schaltnasen besonders wichtig. Zahnradgetriebe dürfen stets nur im Auslauf geschaltet werden, sofern in der Bedienungsanweisung nichts anderes ausdrücklich vorgeschrieben ist, da sonst Beschädigungen der Zähne nicht zu vermeiden sind.

Während des Betriebes ist auf zweckmäßige und ausreichende Schmierung der Getriebe zu achten. Für schwere Getriebe mit nicht zu hoher Umfangsgeschwindigkeit, z. B. an Vorgelegen von Kniehebelpressen, Ziehbänken usw., werden häufig besondere Schmierfette benutzt, die sich durch große Haftfähigkeit auszeichnen, damit sie nicht während des Betriebes abgeschleudert werden. Im allgemeinen wird jedoch eine Ölschmierung als Tauch-, Spritz- oder Umlaufschmierung im geschlossenen Getriebegehäuse angewandt.

Zu den Zahnradgetrieben gehören auch die Wechselradgetriebe, die im Werkzeugmaschinenbau sehr häufig benutzt werden. Meist haben wir es hier mit niedrigen Umfangsgeschwindigkeiten zu tun, so daß der Einfluß der Wechselräder auf die Laufruhe der Maschine gering ist. Das ist wohl auch der Hauptgrund, weswegen die Wechselräder als nebensächlich behandelt und ungenügend gepflegt werden.

Mit den Wechselrädern soll in vielen Fällen ein genauer Bewegungsvorgang erreicht werden, was nur bei richtiger Behandlung der Wechselradsätze möglich ist. Die Räder sollen leicht auf dem Zapfen passen und schnell ausgewechselt werden können. Ist das Spiel am Zapfen zu groß, so können sich Schlagfehler und Übertragungsungenauigkeiten ergeben; es soll sich hier also um eine Passung mit Laufsitzcharakter handeln. Um die Räder schnell auswechseln zu können, hat sich bei Zapfen mit Sechskeilwellenprofil ein zylindrischer Vorführansatz besonders bewährt. Die Wechselradschere muß stets so angestellt werden, daß man noch ein geringes Flankenspiel fühlen kann. Kämmen die Räder zu fest, so ergibt sich infolge der Rundlauffehler der Verzahnung eine starke Belastung der Wechselradzapfen, und diese schlagen sich mit der Zeit aus, was wohl auch die Hauptursache des schlechten Zustandes alter Wechselradgetriebe sein dürfte.

Die Wechselräder sollen in besonders eingeteilten Schränken oder Fächern übersichtlich aufbewahrt werden, wie sie bei neueren Maschinen fast immer vom Hersteller mitgeliefert werden. Bei älteren Maschinen stellt man sich diese Schränke zweckmäßig selbst her. Vor dem Einordnen sind die Wechselräder zu reinigen und leicht einzufetten. Wechselradsätze werden, wenn sie langsam laufen, gewöhnlich mit Fett geschmiert, schnell laufende Sätze schmiert man mit Öl und schließt sie teilweise auch an die Umlaufschmierung der Maschine an. Wird Ölschmierung gewählt, so ist darauf zu achten, daß die Wechselradverdecke möglichst dicht schließen.

17. Kopier- und Steuereinrichtungen. Besondere Aufmerksamkeit ist den mit Rolle und Lineal arbeitenden Kopiereinrichtungen zu schenken, da hier in vielen Fällen eine durch wechselnde Schnittkräfte hervorgerufene, stark wechselnde Normalkraft auftritt, die einen schnelleren Verschleißverlauf als bei Wälzlagern hervorrufen kann. Da von einer Kopiereinrichtung oft eine sehr hohe Genauigkeit gefordert werden muß und ein Kopierlineal meist mit großen Kosten hergestellt wird, ist eine weitgehende Verschleißminderung gerade hier anzustreben. Die Kopiereinrichtung muß also so entworfen werden, daß die Belastung an der Rollfläche möglichst klein ist. Sind hohe Belastungen nicht zu vermeiden, sollte der Radius der Kopierrolle stets so groß wie irgend zulässig gewählt werden. Erfahrungsgemäß sind Unstetigkeitsstellen in der Kopierbewegung, wie plötzliche Richtungs- oder

Geschwindigkeitsänderungen durch die hierbei auftretende Schlagbeanspruchung besonders dem Verschleiß unterworfen. Sie müssen daher, wenn die Art des Kopiervorganges es zuläßt, vermieden werden. Die Verwendung zylindrischer Kopierrollen anstatt balliger hat nur einen Sinn, wenn durch die Konstruktion eine genaue achsparallele Verschiebung der Kopierrolle während des Kopiervorganges gewährleistet und durch sorgfältigste Herstellung und Einbau des Kopierlineals tatsächlich eine einwandfreie Linienberührung in allen Stellungen erreicht wird.

An den im Werkzeugmaschinenbau häufig verwendeten Leitspindeln läßt sich wegen der ungleichmäßigen Benutzung auf der ganzen Länge ein ungleicher Verschleiß praktisch kaum vermeiden. Er kann jedoch durch Schutz der Spindel vor Staub und auffallenden Spänen weitgehend verringert werden, ebenso wie man für ständige Schmierung der Leitspindel sorgen muß (Abb. 27). Es gibt eine ganze Anzahl von Werkzeugmaschinen, bei denen die Leitspindeln gut geschützt angeordnet sind, aber in vielen Fällen wird vom Konstrukteur hierbei auf die Erfordernisse der Instandhaltung noch nicht genügend Rücksicht genommen. Nachträglich lassen sich Schutzeinrichtungen für die Leitspindel nur in seltenen Fällen anbringen.

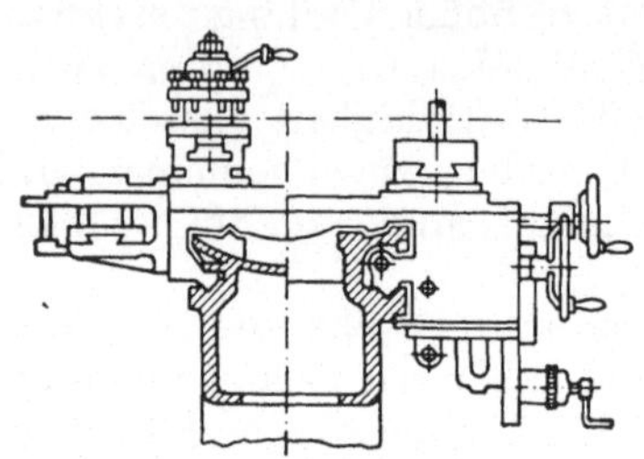

Abb. 27. Bett einer Drehbank mit geschützter Anordnung von Führungsbahnen und Leitspindel [28].

Zu den Steuereinrichtungen an Werkzeugmaschinen gehören auch die verstellbaren Anschläge zur Begrenzung von Längsbewegungen und zur Einleitung von Schaltvorgängen. Diese Anschläge sollen stets mit besonderer Sorgfalt verstellt und versetzt werden, damit Beschädigungen vermieden werden, die die Arbeitsgenauigkeit und Sicherheit gefährden. Zum Lösen und Festsetzen der Anschläge sind nur einwandfreie und passende Schraubenschlüssel zu verwenden, da sonst die Schraubenköpfe zerstört werden und sich die Anschläge nicht mehr einwandfrei festsetzen lassen. Wie häufig sieht man, daß die Anschläge mit einem Stahlhammer in ihre richtige Stellung gebracht oder gar die ganze Führungsbahn entlang getrieben werden, und da ist es ja gar kein Wunder, wenn die Auflageflächen so beschädigt werden, daß sich die Anschläge nicht mehr einwandfrei an jeder beliebigen Stelle festsetzen lassen. Besonders vorteilhaft in der Benutzung und für die Lebensdauer sind Anschläge, die grob eingestellt festgesetzt und mit einer Gewindespindel fein eingestellt werden können.

18. Auswuchten. Die Vermeidung von Schwingungen während des Arbeitsvorganges ist eine wichtige Notwendigkeit nicht nur für die Erzielung einer sauberen Arbeit, sondern auch für die Gesunderhaltung der Maschine. Ein großer Teil der schädlichen Schwingungen läßt sich auf Unwuchtfehler zurückführen, also auch durch Auswuchten vermeiden. Es ist daher zweckmäßig, alle größeren Maschinenteile, die mit einer Drehzahl von etwa 300 je min und darüber laufen, mindestens statisch, besser noch dynamisch auszuwuchten. Das gleiche gilt sinngemäß im besonderen Maße auch für Werkzeuge, wie Hartmetallmesserköpfe, Schleifscheiben usw. und Werkstücke, wobei vielfach die Auswuchtung durch geeignete Gegengewichte an der Spannvorrichtung erfolgen muß.

C. Spanneinrichtungen an Werkzeugmaschinen.

Während Kupplungen und Getriebeelemente die Arbeitsgenauigkeit der Werkzeugmaschinen in den meisten Fällen nur mittelbar beeinflussen, ist der Zustand der Spanneinrichtungen an fast allen Werkzeugmaschinen ausschlaggebend für die Arbeitsgüte der Maschine. Kein anderer Teil der Werkzeugmaschine unterliegt in so hohem Maße der Gefahr der Beschädigung durch unsachgemäße Behandlung und Pflege wie gerade die Spannelemente. Erfahrungsgemäß ist ein großer Teil der Arbeitsungenauigkeiten an älteren Werkzeugmaschinen auf nachlässig gepflegte und dadurch verdorbene Spannelemente zurückzuführen. Der häufige Wechsel von Werkstücken und Werkzeugen erfordert unbedingt eine sorgfältige Behandlung der Spannelemente, und es ist eine überaus wichtige Aufgabe des Instandhaltungs-Ingenieurs, hier erziehend auf die Bedienungsmannschaften der Maschinen hinzuwirken, zumal wenn es sich um Nichtfachleute handelt.

19. Backenfutter und Planscheiben. Beim Auswechseln von Futtern und Spannvorrichtungen an Drehbankspindeln usw. muß man sehr sorgfältig sein. In den meisten Fällen sind die Spindelnasen mit einem Gewinde ausgeführt, mit welchem das Futter gegen einen Zentrierbund angezogen wird. Soll das Futter einwandfrei laufend auf der Spindel befestigt werden, so müssen die Gewinde und die Zentrierflächen an der Spindel wie am Futter vor dem Aufbringen des Futters peinlich gesäubert werden, so daß eine richtige Anlage der Zentrierflächen aufeinander gewährleistet wird. Voraussetzung ist aber, daß diese Zentrierflächen — es handelt sich hier meistens um eine Zylindermantelfläche und eine Planfläche oder um einen Zentrierkegel — nicht beschädigt wird. Werden an der Maschine längere Zeit Arbeiten ohne Verwendung von Futtern ausgeführt, wobei die Zentrierflächen der Spindelnase offen liegen, so müssen diese durch Einfetten vor Rost geschützt werden. Vorteilhaft fertigt man sich eine leichte Schutzüberwurfmutter an, die die gefährdeten Zentrierflächen abdeckt. Ebenso wichtig ist der Schutz der Zentrierflächen an den Futtern und hier wird oft sehr viel gesündigt. Die Innenzylinderfläche oder der Innenkegel ist nicht so sehr gefährdet, wenn man darauf achtet, daß bei der Aufbewahrung der Futter auf Haken usw. diese nicht mit der Zentrierfläche in Berührung kommen können. Die Zentrierplanfläche wird jedoch, wie man immer wieder beobachten kann, im allgemeinen bei der Aufbewahrung als Auflagefläche benutzt, wobei Beschädigungen dieser Fläche unvermeidlich sind. Der wirksamste Schutz gegen diese Schäden kann erreicht werden, indem man die Zentrierfläche einige Millimeter vertieft anordnet, so daß sie nicht mit der Unterlage in Berührung kommt. Die Futter werden leider von den Herstellern nur selten in dieser zweckmäßigen Ausführung geliefert, und ein nachträgliches Tieferarbeiten der Zentrierfläche kann vom Benutzer meist nicht ausgeführt werden, weil oft der Außendurchmesser der Spindelnase größer ist als der Planflächendurchmesser am Futter. Oft läßt sich die Nacharbeit der Fläche auch nicht vornehmen, weil das Gewinde nicht genügend tiefer geschraubt werden kann. In vielen Fällen fehlt dem Benutzer auch die Möglichkeit, die Nacharbeit mit der erforderlichen hohen Genauigkeit und Schlagfreiheit auszuführen. In diesen Fällen ist es zweckmäßig, am Futter nachträglich einen Ring anzubringen, der einige Millimeter über die Stirnfläche reicht und nur als Auflagefläche beim Lagern des Futters dient und daher nicht sehr genau hergestellt zu sein braucht. Wird ein Futter längere Zeit nicht benutzt, so ist es selbstverständlich durch Korrosions-Schutzfett zu schützen.

Die Gewinderichtung an der Spindelnase ist stets so gewählt, daß sich das Futter bei der üblichen Arbeit festzieht. Um bei Spindeln mit zwei Drehrichtungen und auch bei schnell laufenden Spindeln beim Abbremsen das Ablaufen des Futters zu verhindern, ist stets eine Sicherung vorzusehen, zweckmäßig eine Sicherungsmutter mit entgegengesetzter Gewinderichtung.

Häufig setzt sich das Futter beim Arbeiten so fest auf die Spindelnase, besonders wenn das Gewinde eine feine Steigung hat, daß es nur mit großer Kraft wieder gelöst werden kann. Hier ist streng darauf zu achten, daß die Kraft beim Lösen nur tangential, nicht aber radial gerichtet ist, da sonst die Spindellagerung sehr leicht beschädigt werden kann. Beim Ablaufenlassen des Futters muß dieses stets so lange in der richtigen Höhe gehalten werden, bis der letzte Gewindegang ausgeschraubt ist, da sonst der letzte Gewindegang durch Verkanten beschädigt oder ausgebrochen wird, wie man es sehr häufig bei älteren Maschinen und Futtern vorfindet. Bei schwereren Futtern sollte stets ein Holzbrett so unter das Futter gelegt werden, daß zwischen Futter und Holz nur ein geringer Zwischenraum bleibt, damit beim Absetzen weder das Futter noch die darunter liegende Führungsbahn beschädigt werden kann. Schwere Futter und Planscheiben werden zweckmäßig mit einer Rolle und einem Riemen oder Stahlband im Kran hängend aufgesetzt oder abgenommen (Abb. 28).

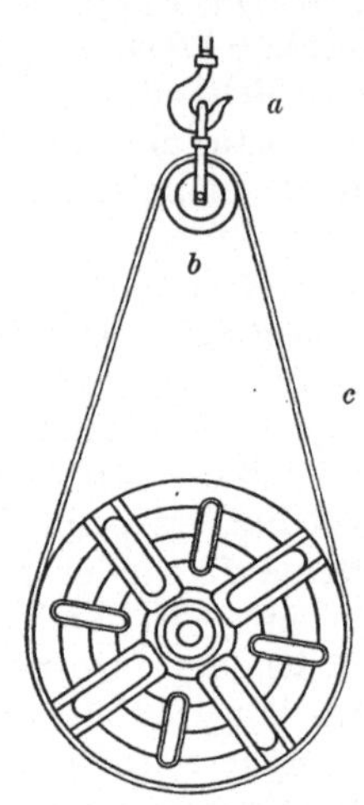

Abb. 28. Vorrichtung zum Aufziehen und Abnehmen schwerer Planscheiben. a = Kranhaken, b = Rolle, c = endloser Riemen oder Stahlband.

20. Werkzeugkegel. Besondere Sorgfalt ist auf die Pflege und Behandlung der Werkzeugkegel zu verwenden, das gilt sowohl für den Innenkegel an der Maschinenspindel als auch für die Zwischenhülsen und Außenkegel an den Werkzeugen. Nur der einwandfreie Zustand der Werkzeugkegel ermöglicht die gewünschte Arbeitsgenauigkeit der Maschine. Der größte Teil der Beschädigungen an Werkzeugkegeln erfolgt durch Anstoßen und Anschlagen, und es ist darauf zu achten, daß diese Schäden bei der Lagerung und Beförderung durch geeignete Aufbewahrungs- und Transportkästen oder -bretter sicher vermieden werden. Das gleiche gilt für die Aufbewahrung und das Ablegen von Werkzeugen und Zwischenhülsen am Arbeitsplatz.

Die Kraftübertragung der Kegelverbindung soll lediglich durch das einwandfreie Tragen der Kegelflächen aufeinander und die elastische Verformung beider Paßteile erreicht werden, ohne daß ein besonderer Mitnehmerlappen oder ähnliches erforderlich wäre. Tragen die beiden Kegelflächen aber nicht sauber aufeinander, so kommt es notwendigerweise beim Zusammenfügen der Kegelverbindung zu ungleichmäßigen Flächenspannungen und zur örtlichen plastischen Verformung, die dann bei der Übertragung von Drehkräften zwangsläufig zur weiteren Zerstörung der Kegelflächen führen muß. Man sieht hieraus, daß schon kleinste Beschädigungen der Kegelflächen die vollständige Zerstörung des Kegels hervorrufen können. Dasselbe gilt für kleine Späne und Unreinlichkeiten, die beim Zusammenfügen der Kegelverbindung zwischen die Flächen gelangen. Peinliche Säuberung ist also bei der Pflege von Werkzeugkegeln die zweite wichtige Voraussetzung.

Die Kegelverbindungen haben die Eigenschaft, daß zum Lösen stets ein gewisser Kraftaufwand erforderlich ist, und es muß daher auch schon vom Konstrukteur der Maschine darauf geachtet werden, daß Beschädigungen durch unsachgemäßes Lösen der Kegel von vornherein vermieden werden. Möglichst sind Abdrückmuttern am vorderen Spindelende oder am Werkzeug vorzusehen, oder auch Abdrückschrauben, die von hinten durch die hohle Spindel gesteckt werden, weil hierbei die Kräfte vom Werkzeug und der Spindel selbst aufgenommen werden, und so Beschädigungen der Maschine unmöglich sind. Jede andere Art des Lösens der Kegelverbindung überträgt die Kräfte auf andere Elemente der Maschine, besonders auf die Spindellagerung, und bildet eine Gefahr für die Maschine. Häufig sind keine Handhaben zum Lösen der Kegelverbindung vorgesehen, und man muß den Kegel mit einer Stange durch die hohle Spindel austreiben, wobei die Schläge naturgemäß die Längslagerung der Spindel belasten. Im allgemeinen sind die Maschinen so gebaut, daß sie leichte Schläge in dieser Richtung ohne Schaden vertragen. Die

Stange ist zweckmäßig am vorderen Ende mit einem Kupfer- oder Leichtmetallpfropfen zu versehen, um eine Beschädigung des Werkzeugkörners zu vermeiden.

Bei den Bohrmaschinen findet man einen Längsschlitz in der Spindel, in den der Mitnehmerlappen des Werkzeuges eingreift, so daß die Kegelverbindung mit einem flachen Keil, dem Konustreiber, durch Hammerschläge quer zur Spindel gelöst werden kann. Dieses Verfahren ist zwar für den Betrieb sehr bequem, führt aber häufig zur Beschädigung der Spindellagerung und sollte daher an hochwertigen Maschinen möglichst vermieden werden. Außerdem wird hierbei am Mitnehmerlappen der Werkzeuge ein Grat angetaucht, der, wenn er nicht rechtzeitig entfernt wird, zur Beschädigung der Innenkegelfläche bei unvorsichtigem Einführen des Werkzeuges führen kann. Man sollte die Bohrmaschine stets mit Schnellwechsel-Bohrfuttern ausstatten.

21. Fräsdorne. Der größte Teil von unsauber ausfallenden Fräsarbeiten ist auf Schlag der Fräsdorne zurückzuführen, und oft werden auch die Fräsmaschinen selbst durch die beim Fräsen auftretenden starken Schwingungen beschädigt. Die Fräsdorne müssen also pfleglich behandelt werden, wenn man eine gute Fräsarbeit und eine lange Lebensdauer der Maschine erreichen will. Häufig wird ein Fräsdorn durch Überlastung und unsachgemäßes Arbeiten verbogen und muß vom Fachmann sorgfältig gerichtet werden. Andererseits führt aber auch die unzweckmäßige Lagerung der Dorne im Werkzeugschrank zu deren Beschädigung und man sollte dafür sorgen, daß die Dorne stehend und gegen Umfallen und Anstoßen geschützt gelagert werden.

Im allgemeinen sind die Fräsdorne dünn im Verhältnis zur Länge und lassen eine ziemlich starke elastische Verbiegung zu. Das Aufspannen der Fräser mit den Fräsdornringen bringt eine wesentliche Versteifung mit sich. Es ist daher klar, daß sowohl die Planflächen der Fräser wie auch die Fräsdornringe vollkommen plan und schlagfrei hergestellt sein müssen, da sonst der Fräsdorn durch das Aufspannen des Fräsers verspannt wird und nicht schlagfrei läuft. Daraus folgert aber, daß die Fräsdornringe, ebenso wie der Fräsdorn selbst, ordentlich aufbewahrt werden müssen, so daß die Planflächen nicht beschädigt werden können. Meistens werden die Ringe ständig auf dem Dorn aufgereiht gelagert und sind so ganz gut geschützt. Freie Ringe allerdings darf man nicht achtlos in den Werkzeugkasten werfen, sondern sollte dafür ein Brett mit passenden Zapfen bereitstellen, auf denen sie aufbewahrt werden können.

22. Körnerspitzen. Die Lagerung von Werkstücken und Werkzeugen zwischen Spitzen findet an Werkzeugmaschinen sehr häufig Anwendung, und es muß daher an dieser Stelle auch die Pflege der Zentrierbohrung und der Körnerspitze kurz erwähnt werden. Die Zentrierung soll auf einer kegeligen Paßfläche erfolgen, und es ergibt sich daraus die Notwendigkeit, daß beide Kegelflächen sorgfältig und mit dem gleichen Öffnungswinkel hergestellt sein müssen. Die Größe der tragenden Kegelfläche ist der Belastung angepaßt zu wählen, um plastische Verformungen sicher zu vermeiden. Findet zwischen Körnerspitzen und Zentrierbohrung eine gegenseitige Drehung statt, so sind die Gleitflächen genügend zu schmieren.

Es muß darauf geachtet werden, daß das Tragen auch tatsächlich an der Kegelfläche stattfindet. Die Spitze der Zentrierbohrung muß also genügend freigebohrt sein. Damit hat aber auch die scharfe Spitze des Körners keinen Sinn und sollte stets gut verrundet sein, dann besteht auch nicht die Gefahr, daß die Spitze beim Enifühen die Mantelfläche oder Kante der Zentrierbohrung beschädigt und so die einwandfreie Lagerung gefährdet. Wenn auch der Laie gern die scharfe Spitze eines Körners als untrügliches Gütezeichen ansieht, ist doch diese richtig gesehen nur eine unverzeihliche Nachlässigkeit der Herstellung. Andererseits soll aber der Durchmesser der tragenden Kegelfläche möglichst klein gehalten werden, da sich so leichter ein einwandfreier Rundlauf erreichen läßt, und ferner die Umfangsgeschwindigkeit bei gegenseitiger Drehung klein bleibt, die Reibungsverluste und der Verschleiß also gering sind.

Sämtliche häufiger benutzten Zentrierbohrungen, also an Drehdornen, Schleifdornen, Werkzeugen usw., sind möglichst zu härten und zu schleifen. Sie sollten stets mit einer Schutzsenkung ausgeführt werden, wie sie im Normblattentwurf DIN 332 festgelegt ist, um die Kante des tragenden Innenkegels vor Beschädigungen zu schützen.

Vielfach werden im Werkzeugmaschinenbau mitlaufende Körnerspitzen benutzt. Diese sind in verschiedenen Konstruktionen auf dem Markt und haben sich gut bewährt. Bei der Benutzung ist jedoch stets zu beachten, daß die Lagerungen dieser Spitzen empfindlich gegen Überlastung sind, und man muß daher sehr pfleglich mit diesen Präzisionselementen umgehen, wenn man die erwartete Arbeitsgüte auf lange Zeit halten will.

23. Spannschrauben. Der häufige Werkstück- und Werkzeugwechsel an Werkzeugmaschinen bringt es mit sich, daß an fast allen Maschinen eine größere Anzahl von Schrauben und Muttern vorhanden ist, die oft gelöst und festgezogen werden müssen. Es ist natürlich für das schnelle Arbeiten stets vorteilhaft, diese Elemente möglichst so zu gestalten, daß zum Lösen und Festsetzen keine besonderen Werkzeuge benutzt werden müssen, indem man Flügelmuttern, Knebelmuttern, Kordelschrauben und Handgriffe verwendet. Wegen Platzmangel usw. lassen sich solche Bedienungselemente nicht in allen Fällen vorsehen, und man ist gezwungen, Schlitzschrauben, Sechskantmuttern u. dgl. zu verwenden, die an der Angriffsfläche der Schlüssel zweckmäßig im Einsatz gehärtet werden. Um diese Elemente vor Beschädigungen zu schützen, ist es unbedingt erforderlich, daß nur passende Schlüssel zur Betätigung benutzt werden. Der Instandhaltungsingenieur muß also auch auf den ordnungsmäßigen Zustand dieser Schlüssel achten, da sonst durch unsachgemäße Behandlung Schrauben und Muttern in kurzer Zeit unbrauchbar sind.

Wesentlich ist ferner die Beachtung des Zusammenhanges zwischen Haltekraft, Handkraft und zulässiger Schraubenbelastung. Die Handgriffe und Schlüssel müssen so gewählt sein, daß die Schrauben mit mäßiger Handkraft genügend festgezogen werden können. Wie oft sieht man aber im Betriebe, daß der Handgriff des Schlüssels mit einem Rohr künstlich verlängert wird, um ein größeres Drehmoment zu erreichen. Diese Art des Arbeitens muß man im Betriebe unbedingt verbieten, denn es besteht die Gefahr, daß die Schrauben durch Überlastung zerstört werden. Reicht der normale Schlüssel nicht aus, um die Schraube genügend fest anzuziehen, oder das Futter zu spannen, so muß eben ein längerer Schlüssel gewählt werden, wobei aber auch stets zu prüfen ist, ob man nicht auch gleichzeitig eine stärkere Schraube wählen muß. Auf jeden Fall muß auch eine falsche Bedienung aus Bequemlichkeit vermieden werden, wie z. B. das Fest- und Losschlagen der Knebelschrauben zum Festsetzen des Fräsmaschinenkonsols mit dem Hammer, wie man es häufig genug sehen kann. Die Knebel sind so auszubilden, daß sie bequem mit der Hand bedient werden können, aber vielfach sind diese auch so klein und unhandlich, dazu noch unzugänglich angebracht, daß man sich gar nicht darüber wundern darf, daß der Bedienungsmann zum Hammer greift.

D. Schmiereinrichtungen an Werkzeugmaschinen[1].

24. Schmierung ohne Schmierstoffrückgewinnung. Je nach Art und Lage der einzelnen Schmierstellen an der Maschine werden auch stets verschiedene Schmier-

[1] Vgl. auch Werkstattbuch Heft 48, „Öl im Betrieb".

einrichtungen erforderlich sein, wobei besonders die jeweils nötige Schmierstoffmenge zu beachten ist. Bei geringem Schmierstoffbedarf werden die Schmierstellen wöchentlich oder täglich einmal von Hand abgeschmiert. Um das Eindringen von Verunreinigungen zur Schmierstelle zu verhindern, muß die Einfüllöffnung stets verschlossen sein (Abb. 29). Offene Öllöcher sollten also heute an keiner Werkzeugmaschine mehr vorhanden sein, ebenso sollten Öllochverschlüsse, die verloren gehen können, wie Schmierlochstöpsel, Schrauben, Deckel usw. vermieden werden, da diese erfahrungsgemäß bei älteren Maschinen häufig abhanden kommen. Sind die offenen Öllöcher verschmutzt, so kann man oft beobachten, wie mit Hilfe der ungeeignetsten Gegenstände der Schmutz beim Reinigen nur tiefer in die Bohrung geschoben wird. In solchen Fällen empfiehlt es sich, den Schmutz mit einem Korkenzieher vorsichtig zu entfernen.

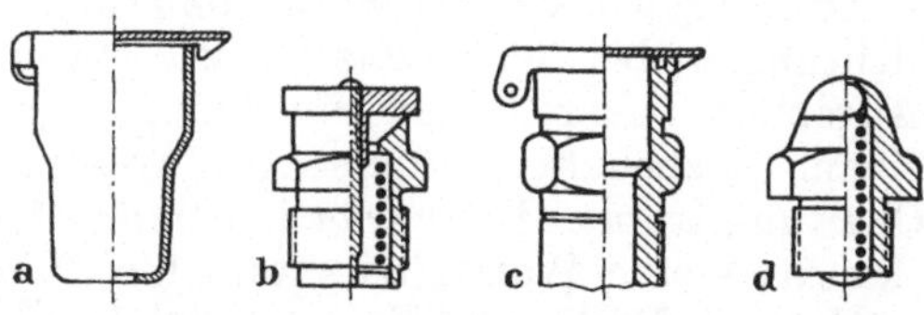

Abb. 29. Verschiedene Öler [28]. *a* Trichtereinschlagöler, *b* Einschraubdeckelöler, *c* Einschraubklappöler, *d* Schmiernippel.

Bei Verwendung von Schraubverschlüssen ist zum Öffnen ein Schraubenzieher oder anderes Werkzeug nötig und das Abschmieren erfordert eine gewisse Zeit, weswegen dann die Schmierung oft vernachlässigt wird. Trotzdem findet man auch heute noch an neuen Werkzeugmaschinen häufig Ölschrauben, obwohl diese vom Standpunkt der Maschinenpflege aus gesehen als durchaus ungeeignet verworfen werden müssen. Der Grund hierfür muß wohl darin liegen, daß viele der auf dem Markt befindlichen Öler sich im praktischen Betriebe nicht bewährt haben. So sollten alle Öler, die sich nach der Benutzung nicht selbsttätig schließen, wie Helmöler und ähnliche, für den Werkzeugmaschinenbau abgelehnt werden, da diese doch häufig offenstehen würden. Die selbstschließenden Öler sind häufig wegen des verwickelten Aufbaues und der gleichzeitig aber erforderlichen billigen Herstellung nicht dauerhaft genug, außerdem ist in vielen Fällen auch ein ganz besonderes Geschick notwendig, um überhaupt Öl durch den Öler zu bringen, von dem daneben fließenden Öl ganz abgesehen.

Hier ist vor allem auf eine dauerhafte Ausführung zu achten, auch wenn der Preis hierfür etwas höher liegt. Im Werkzeugmaschinenbau setzt sich in neuerer Zeit der im Kraftwagenbau schon lange bewährte Schmiernippel mit federbelastetem Kugelverschluß mehr und mehr durch. Bei diesen Nippeln wird zum Abschmieren eine Schmierpresse benötigt, womit auch Ölverluste weitgehend vermieden werden. Die Ausführung muß so sein, daß sich beim Abwischen des Nippels kein Schmutz in dem Bohrungsteil über der Kugel festsetzen kann. Daß alle Öler, die erhaben an der Maschinenfläche angeordnet sind, besonders schonend behandelt werden müssen, ist wohl selbstverständlich, denn Öler, die Hammerschlägen und sonstigen Stößen standhalten, gibt es heute noch nicht. Ähnlich den Ölnippeln können auch Fettnippel verwandt werden, wobei es sich stets empfiehlt, für Öl und Fett zwei verschiedene Ausführungsformen zu wählen, um Falschschmierung sicher zu verhindern.

Für Fettschmierung sind vielfach auch Staufferbüchsen in Gebrauch, bei denen ein kleiner Fettvorrat vorhanden ist, was leider nur allzu häufig dazu führt, daß das Abschmieren durch Nachziehen des Büchsendeckels versäumt wird. Zur Vermeidung dieses Übelstandes werden vor allem an empfindlichen Lagerstellen mit größerem Schmierstoffbedarf Hochdruck-Fettbüchsen verwandt, in denen das Fett durch Federdruck selbsttätig nachgedrückt wird. Besonders bewährt hat sich eine Fettbüchse, die über einen Schmiernippel nachgefüllt wird, so daß Verunreinigungen des Fettes, die sich beim Öffnen der Schmierbüchse nie ganz vermeiden lassen, ausgeschlossen sind.

Ähnlich wie bei der Fettschmierung gibt es auch für die Ölschmierung Einrichtungen, bei denen das Öl selbsttätig aus einem Vorratsbehälter nachfließt. Allgemein bekannt sind die Tropföler mit Nadelventil, deren Ölvorrat sich in einem Glasbehälter befindet, von wo er, in einem Schauglas sichtbar, stetig in die Ölleitung tropft. Diese Öler haben den Nachteil, daß das Öl beim Nachfüllen auf den als kleine Wanne ausgebildeten Deckel gegossen werden muß. Der Deckel wird durch Drehen geöffnet, so daß das Öl in den Behälter einfließen kann, wobei es leicht verunreinigt wird. Diese Öler sind zudem sehr empfindlich gegen Beschädigungen und werden daher im Werkzeugmaschinenbau nur noch wenig benutzt.

Man ist nun mehr und mehr dazu übergegangen, statt dessen die Dochtschmierung anzuwenden. Hierbei muß die Öffnung des Ölrohres höher liegen als der Ölspiegel im Vorratsbehälter, damit das Öl nicht unmittelbar zur Schmierstelle abfließen kann. In das Ölrohr wird ein Docht, Wollfaden oder ähnliches eingeführt, dessen Ende in den Ölspiegel eintaucht, so daß das Öl infolge der Kapillarwirkung langsam und stetig an die Schmierstelle abgegeben wird, wobei Verunreinigung des Öles nur in ganz geringem Maße über den Docht gelangen und geringe Mengen Wasser im Docht zurückgehalten werden können. Um die Wirkung des Dochtes zu gewährleisten, ist dieser von Zeit zu Zeit, wenn er schwarz aussieht, zu erneuern oder in Putzöl gründlich auszuwaschen. Ferner ist der im Vorratsbehälter angesammelte Schmutz zu entfernen, wobei das Ölrohr zweckmäßig durch einen Kegelstift oder dgl. verschlossen wird. Der neue Docht soll frei von Feuchtigkeit sein, und vor dem Einführen mit Schmieröl getränkt werden. Es lassen sich bequem eine größere Anzahl von Dochten und damit Schmierstellen an einem Vorratsbehälter anordnen. Selbstverständlich muß der Vorratsbehälter, wie auch beim Tropföler, höher als die Schmierstellen liegen, da das Öl nur durch die Schwerkraft bzw. Kapillarkraft an die Schmierstelle gefördert wird.

Bei größerem Schmierstoffverbrauch werden häufig Zentralschmiereinrichtungen gewählt, die von der Maschine aus angetrieben werden. Im einfachsten Falle verwendet man eine einfache Zahnradpumpe, die das Öl aus einem Behälter in einen Verteilerkasten oder ein Verteilerrohr fördert, wo die Ölleitungen der einzelnen Schmierstellen angeschlossen sind. Eine dieser Leitungen wird zweckmäßig über ein Tropfschauglas geleitet, damit man das richtige Arbeiten der Schmiereinrichtung überwachen kann. Diese Anordnung gestattet es nicht, die an die einzelnen Schmierstellen abgegebene Ölmenge zu regeln, denn diese ist von dem Leitungsquerschnitt und von dem Gefälle zwischen Verteiler und Schmierstelle abhängig. Ist es notwendig, die Ölmenge jeder einzelnen Schmierstelle unabhängig voneinander zu bemessen, so müssen hierfür besondere Schmierapparate verwandt werden. Es befinden sich verschiedene brauchbare Konstruktionen auf dem Markt, bei denen meist für jede Schmierleitung eine kleine Kolbenpumpe vorgesehen ist, deren Fördermenge verändert werden kann. Die Pumpenzylinder werden in Stern- oder Trommelanordnung durch Taumel- oder Nockenscheibe angetrieben. Entsprechende Schmiereinrichtungen gibt es auch für die Fettschmierung.

25. Schmierung mit Schmierölrückgewinnung. Für die Zentralschmierung kann das Öl entweder aus einem Füllbehälter entnommen werden, dem über ein Einfüllsieb stets neues Öl zugeführt wird, oder aus einem Sammelbehälter, in dem sich das von den einzelnen Schmierstellen abfließende Öl sammelt und über ein Saugfilter entnommen werden kann. Wird das Öl nicht gesammelt und nicht wieder verwandt, so ist die geförderte Ölmenge stets verhältnismäßig klein zu halten und man spricht von einer Tropfschmierung, während im anderen Falle die Fördermenge sehr groß sein kann und das Öl gleichzeitig zur Kühlung der Schmierstelle dient. Wegen des Kreislaufes im Schmiersystem spricht man hier von einer Umlaufschmierung. Als eine vereinfachte Art der Umlaufschmierung kann die sogenannte Spülschmierung angesehen werden. Hierher gehören die Tauchschmierung, die Spritzschmierung, die Ringschmierung usw., bei denen das Öl aus einem Sammelbecken von den sich bewegenden Maschinenteilen selbst zwanglos an die Schmierstellen gefördert wird. Bei derartigen Schmiersystemen muß darauf geachtet werden, daß das Sammelbecken groß und tief genug ist, damit sich die Verunreinigungen — hauptsächlich der Abrieb an den Verschleißstellen — am Grunde absetzen können und nicht wieder an die Schmierstelle zurückgefördert werden. Es muß auch verhindert werden, daß das Öl während des Betriebes stark schäumt, was durch geeignete Anordnung der Ölförderstellen und durch richtige Wahl des Ölstandes erreicht werden kann. Durch das Schäumen des Öles wird das Absinken der Verunreinigungen sehr stark behindert.

Bei der Druckschmierung, ebenfalls einer Abart der Umlaufschmierung, wird im Gegensatz zu allen bisher erwähnten Schmierarten das Öl mit hohem Druck an die Schmierstelle gebracht. Das empfiehlt sich besonders bei hochempfindlichen Lagerungen, bei denen die Ausbildung eines einwandfreien Schmierfilmes bei kleinem Lagerspiel und geringer Viskosität des Schmieröles erreicht werden muß. Wir finden diese Art der Schmierung im Werkzeugmaschinenbau besonders an Schleifspindellagerungen und an Hauptspindeln für Feinstbearbeitungsmaschinen. Die Ölpumpe wird dann häufig von einem besonderen Elektromotor angetrieben und das einwandfreie Arbeiten an einem Öldruckmesser geprüft. Der getrennte Antrieb der Schmiereinrichtung ist zu empfehlen, da dann der Öldruck bereits vorhanden ist, wenn sich die Spindel in Bewegung setzt, wodurch der Verschleiß beim Anlaufen verringert wird.

26. Anordnung der Schmiereinrichtungen. Der eben genannte Gesichtspunkt ist auch bei allen anderen Schmiereinrichtungen, die von der Maschine selbst betätigt werden, zu beachten. Besonders nach längerem Stillstand der Maschine befindet sich nicht die erforderliche Schmierstoffmenge an den Schmierstellen, so daß beim Einschalten der Maschine Schäden entstehen können, da die genügende Schmierstofförderung erst gewisse Zeit nach dem Einschalten der Maschine einsetzt. Es ist also zweckmäßig, die Schmiereinrichtung so zu wählen, daß sie vor dem Einschalten der Maschine von Hand betätigt werden kann. Die Bedienungsmannschaften müssen dann aber auch wiederholt auf die notwendige Handbedienung aufmerksam gemacht werden, denn die Erfahrung hat häufig genug gezeigt, daß die vorgesehene Handschmierung nicht ausreichend benutzt wird. Bei den Werkzeugmaschinen sind die Schmierpumpen oft im Getriebe fest angeordnet und das Getriebe ist über eine Kupplung mit dem Antriebsmotor verbunden (Abb. 30). Dabei sollte die Schmierpumpe stets unlösbar mit dem Motor gekuppelt sein, so daß eine sichere Schmierung erreicht wird, wenn das Getriebe erst nach kurzer Laufzeit des Motors eingekuppelt wird.

Abb. 30. Kolbenpumpe für Umlaufschmierung mit Antrieb durch Nockenscheibe im Getriebe einer Drehbank [17].

Um eine einwandfreie Schmierung zu erreichen, genügt es nicht, lediglich die äußeren Schmiereinrichtungen der Maschine richtig zu bedienen und zu behandeln, es muß vielmehr auch der Weg des Schmierstoffes bis zur Schmierstelle und diese selbst beobachtet werden, denn erst, wenn die genügende Schmierstoffmenge zur rechten Zeit in sauberem Zustand an den vor Verschleiß zu schützenden Oberflächen vorhanden ist, hat der ganze Aufwand seinen Zweck erreicht. Das Schmieröl gelangt im allgemeinen durch Bohrungen oder Rohrleitungen von der Schmiereinrichtung zur Schmierstelle, wobei, von der Druckschmierung abgesehen, das Eigengewicht des Öles die fördernde Kraft ist. Es ist also darauf zu achten, daß das Öl leicht durch die Leitungen fließen kann. Hierzu darf, besonders bei Ölen höherer Viskosität, der lichte Querschnitt nicht zu klein gewählt werden. Bei der Verlegung der Rohrleitungen muß auf ein gleichmäßiges Gefälle geachtet werden, so daß sich keine Luftsäcke in der Leitung bilden können. Ferner muß der Radius beim Winkeln der Leitung so groß sein, daß ein Knicken des Rohres und damit Verengen des Querschnittes verhindert wird.

Um Beschädigungen der Ölleitungen während des Betriebes entgegen zu wirken, sollen sie in genügend kurzen Abständen durch Schellen festgelegt werden, da sie sonst, veranlaßt durch Schwingungen der Maschine, unzulässig große Eigenbewegungen ausführen und durch Dauerbeanspruchung vor allem an den Anschlußstellen zerstört werden können. Das gilt besonders auch für innerhalb von Maschinenständern verlegte Schmierleitungen.

Man wird es stets vorziehen, die Schmierleitungen im Inneren der Maschine zu verlegen, und zwar wegen des besseren Aussehens und wegen des besseren Schutzes gegen mechanische Beschädigungen. Das ist jedoch nicht in allen Fällen möglich, und so muß bei frei verlegten Leitungen besonders auf sachgemäße Anordnung geachtet werden. Die Leitungen dürfen nicht über scharfe Kanten geführt werden oder an Stellen liegen, an denen die Gefahr besteht, daß sie durch Auflegen von Werkstücken oder Werkzeugen verquetscht werden. Die äußersten Bewegungsmöglichkeiten der Maschinentische, Supporte usw. müssen beachtet werden, so daß die Leitungen auch bei Fehlbedienung oder beim Zerlegen der Maschine nicht beschädigt werden können. Freitragende Leitungen sollen unter allen Umständen vermieden werden, da sie durch ungewolltes Dahinterhaken leicht abgerissen werden. Die Leitungen werden also stets besser dicht an der Maschine verlegt und durch Schellen gehalten, das gilt besonders auch für nachträglich hinzugefügte Schmierleitungen. In verschiedenen Fällen hat man die Ölleitungen in besonderen Stahlschutzrohren verlegt.

Zur Überwachung der Schmierung werden vielfach einfache Hilfsmittel verwandt. So werden an allen wichtigen Ölvorrats- und Sammelbehältern Ölstandgläser oder Ölstandprüfstäbe vorgesehen. Das ordnungsgemäße Arbeiten der Zentralöler und Schmierpumpen, also deren mechanische Bewegung, kann an der Pumpe selbst beobachtet werden, oder die Förderung wird an einem Schauglas überwacht. Bei zentraler Tropfschmierung empfiehlt es sich, für jede wichtige Schmierstelle ein Schauzeichen vorzusehen, da ja nicht das Arbeiten der Pumpe an sich, sondern der Öldurchgang in jeder einzelnen Leitung eine richtige Schmierung ergibt. Diese Schauzeichen werden häufig in größerer Anzahl in einem gemeinsamen Kasten zusammengefaßt. Bei Druckschmierung wird vorteilhaft ein Öldruckmesser in der Druckleitung angeordnet und so der Schmiervorgang überwacht. Ist hierbei der Druck zu hoch, so ist die Druckleitung verstopft, ist er zu niedrig, so ist entweder die Druckleitung undicht (Dichtheit der Lager- und Schmierstellen prüfen) oder die Saugleitung verstopft. Druckschwingungen am Öldruckmesser deuten auf angesaugte Luft im Ölkreislauf, es ist also der Ölstand im Sammelbehälter und die Dichtheit der Saugleitung und der Stopfbüchsen zu prüfen. Auf sonstige Fehlermöglichkeiten an den verschiedenen Pumpenbauarten kann hier nicht näher eingegangen werden.

An Schmierstellen mit hoher Gleitgeschwindigkeit und Belastung macht sich bei ungenügender Schmierung eine Temperaturerhöhung bemerkbar. Man kann daher bei besonders empfindlichen Lagern usw. ein Thermoelement zur Überwachung der Temperatur im Lagerkörper oder in der Ölrückflußleitung vorsehen. Mindestens sollte die Bedienungsmannschaft aber dazu angehalten werden, wichtige Lagertemperaturen von Zeit zu Zeit durch Berühren zu prüfen, damit Fehler nicht erst bemerkt werden, wenn sich der Anstrich der Maschine bräunt und Blasen treibt, denn dann ist es meist schon zu spät.

Da sich bei ungenügender Schmierung eine Erhöhung der Reibungskräfte einstellt, wird auch die Leerlaufleistungssaufnahme steigen. Bei einer ganzen Anzahl neuerer Werkzeugmaschinen sind Leistungsmesser vorgesehen, um Überlastungen der Maschine während der Arbeit zu verhindern, und es ist also vorteilhaft, auch bei Leerlauf die Leistungsaufnahme ständig zu überwachen. Zweckmäßig wird nicht nur eine rote Marke für die zulässige Höchstbelastung, sondern auch eine zweite für die Soll-Leerlaufleistung angebracht.

Bei den von Hand abgeschmierten Einzelschmierstellen lassen sich naturgemäß derartige Überwachungshilfen nicht vorsehen und es sollte stets, soweit dies möglich ist, durch Bewegen der Lager und Führungen von Hand geprüft werden, ob das eingeführte Schmieröl auch tatsächlich in genügender Menge an der Gleitstelle angekommen ist. Bei Fettschmierung ist diese Prüfung insofern einfacher, als man stets soviel Fett an die Schmierstelle bringen soll, bis eine geringe Menge am Rande hervortritt.

Beim Wechsel der Ölfüllung genügt es nicht, das Altöl abzulassen und durch neues zu ersetzen, sondern es muß eine peinliche Reinigung des gesamten Schmiersystems vorgenommen werden. Während der abgesetzte Schlamm sich durch einen starken Putzölstrahl ausspülen läßt, müssen die Abscheidungen von Alterungsprodukten zunächst mit einem geeigneten Lösungsmittel gelöst werden. Hierzu wird am besten Benzol oder Trichloräthylen benutzt. Die Lösungsmittel müssen am Schluß der Reinigung gut entfernt werden, was am besten durch Austrocknenlassen und Nachspülen mit Spülöl vorgenommen wird. Sorgt man nicht für eine einwandfreie Entfernung der Lösungsmittel, so vermischen sich diese mit der Frischölfüllung und führen zu einer Schmierölverdünnung, die sich durch stark herabgesetzte Viskosität bemerkbar macht und gegebenenfalls eine stark beschleunigte Alterung herbeiführen kann.

Die benutzten Reinigungsflüssigkeiten dürfen den Lackanstrich im Innern der Getriebekästen nicht angreifen. Von der Verwendung von Petroleum muß wegen der Rostgefahr — es ist nie ganz säurefrei — abgeraten werden. Ausgebaute Maschinenteile werden am besten mit Soda, P 3 (Henkel u. Cie) oder Silivon (I. G. Farbenindustrie) usw. gereinigt, kleine Teile ausgekocht. Die Reinigungsmittel müssen auch gut abgespült und die Teile getrocknet werden. Wird die Maschine nicht sofort wieder zusammengebaut, so ist es ratsam, die gereinigten Teile mit einem Korrosionsschutzöl zu versehen. Hierfür wird ein besonderes, selbstemulgierendes Öl verwandt, das die Luftfeuchtigkeit bindet und die Rostbildung verhindert, während die meisten anderen Öle wasserabstoßend wirken, durch das Wasser von den Metallteilen abgehoben werden können und so keinen sicheren Rostschutz bilden.

E. Elektrische Einrichtungen an Werkzeugmaschinen.

Die elektrischen Einrichtungen sind heute ebenso wichtige Konstruktionselemente der Werkzeugmaschine geworden wie die mechanischen Teile. Das einwandfreie Arbeiten der Maschine setzt den ordnungsmäßigen Zustand der elektrischen wie der mechanischen Teile voraus, und es ist daher auch die gleiche Sorgfalt der Pflege erforderlich. Da dem Maschinenbauer, dem Betriebsingenieur wie dem Facharbeiter, heute vielfach noch die theoretische Elektrotechnik ein Buch mit sieben Siegeln ist, und da der Elektromaschinen- und Schaltgerätebau, wohl aus dem gleichen Grunde, bestrebt ist, seine Erzeugnisse möglichst wartungssicher zu gestalten, besteht die Gefahr, daß deren Pflege leider sehr häufig vollkommen vernachlässigt wird.

Wenn vor 30 Jahren die elektrischen Einrichtungen oft ohne jede Pflege ebenso störungsfrei arbeiteten, wie die Werkzeugmaschinen bei guter Pflege, so darf man heute nicht mehr die gleichen Maßstäbe anlegen, denn die Entwicklung vom elektrischen Gruppenantrieb zur Elektro-Werkzeugmaschine hat eine ganz bedeutende Steigerung der Belastung der elektrischen Einrichtungen mit sich gebracht, gekennzeichnet besonders durch die Erhöhung der Schalthäufigkeit und durch die Erhöhung der Anlaufströme bei Verwendung von Kurzschlußläufermotoren. Die Belastungssteigerung ist so groß, daß durch beste Pflegemaßnahmen allein die erforderliche Lebensdauer nie hätte erreicht werden können, vielmehr hat der Elektromotoren- und Schaltgerätebau diesem Umstand zum Teil durch Berücksichtigung vollkommen neuer Konstruktionsgesichtspunkte Rechnung tragen müssen. So sind in letzter Zeit elektrische Einrichtungen geschaffen worden, die, eine sachgemäße Pflege und Behandlung vorausgesetzt, die gleiche Lebensdauer erreichen wie die der Werkzeugmaschinen, an denen sie benutzt werden. Man muß hier zwischen der mechanischen und der elektrischen Belastung unterscheiden, die auch bei der Pflege und Auswahl der Geräte zu beachten sind, um eine genügende Lebensdauer zu erzielen. An den Werkzeugmaschinen werden besonders folgende Gruppen von Geräten verwandt: Elektromotoren, Magneten mit den dazu gehörigen Gleichrichtern, Schaltgeräte, wobei wir zwischen mechanisch und elektrisch betätigten unterscheiden müssen, und Steuergeräte.

27. Elektromotoren. Die an den Elektromotoren auftretenden Schäden sind meist mechanischer Art, d. h. also Lagerschäden. Der Grund hierfür kann im fehlerhaften Einbau, unrichtiger Verwendung oder ungenügender Pflege liegen. Der Motor ist im allgemeinen über eine Kupplung, ein Zahngetriebe, Ketten- oder Riementrieb mit der anzutreibenden Maschine verbunden, d. h. die Motorachse muß stets eine ganz bestimmte Lage und Richtung zur Antriebsachse der Maschine haben. Da aber der Motor meist an die fertig zusammengebaute Maschine angesetzt wird, ohne daß sich die Lage der Motorachse von vornherein zwangsläufig ergibt, ist der Anbau des Motors mit größter Sorgfalt vorzunehmen. Das gilt besonders auch bei Überholungsarbeiten und beim Auswechseln von Motoren.

Motoren dürfen stets nur in der Gebrauchslage benutzt werden, für die sie vom Hersteller vorgesehen sind, da anderenfalls Lagerstörungen eintreten. Die Lagerungen des Läufers bei normalen Elektromotoren sind so vorgesehen, daß sie nur verhältnismäßig kleine Achsialkräfte aufnehmen können, Soll ein Motor anstatt mit waagerechter Achse in senkrechter Arbeitslage benutzt werden, oder sind bei waagerechter Lage Axialbewegungen oder Axialkräfte zu erwarten, z. B. bei Schraub- und Schneckentrieben, Reibungskupplungen usw., so ist stets vorher zu prüfen, ob die Lagerung des Motors hierfür geeignet ist, am besten durch Rückfragen beim Motorhersteller. In vielen Fällen ist es auch möglich, in der Maschine selbst ein entsprechendes Längslager vorzusehen, so daß dann jeder normale Motor bedenkenlos Verwendung finden kann.

Störungen der Lagerung durch unzureichende Pflege sind besonders auf mangelnde Schmierung und auf Verschmutzung zurückzuführen. Wälzlager an Elektromotoren werden im allgemeinen mit Fett geschmiert. Eine Fettfüllung hält etwa 3000 bis höchstens 4500 Betriebsstunden vor, sofern die Lagerstellen einwandfrei gegen Schmierstoffverlust und Verschmutzung geschützt sind. Der Schmierstoffverlust ist häufig die Folge einer Überfüllung des Lagers mit Fett. Wälzlager dürfen nur bis zu $^2/_3$ des freien Raumes mit Fett gefüllt werden, da sonst infolge der inneren

Reibung des Schmierstoffes eine unzulässige Lagererwärmung eintritt, wobei das Fett flüssig wird und durch die Dichtung austritt. Hierdurch wird auch die Dichtung leicht gegen das Eindringen von Verunreinigungen unwirksam und das Lager ist in kurzer Betriebszeit beschädigt. Auch wenn keine Störungen bemerkt werden, sollen die Lager nach 3000 Betriebsstunden vollständig gereinigt und mit einem Lösungsmittel ausgewaschen werden, denn erst so ist eine Prüfung der Lager auf etwa beginnende Beschädigungen möglich. Ist das Lager in Ordnung, so wird es mit einer neuen Fettfüllung versehen und sorgfältig abgedichtet.

Im Werkzeugmaschinenbau werden häufig Gleitlagermotoren wegen des erschütterungsfreien Laufes denen mit Wälzlagern vorgezogen. Auch hierbei ist die Schmierung von größter Wichtigkeit und die Betriebsvorschriften hierüber sind streng zu beachten. Bei Ringschmierlagerung, wie sie bei den meisten größeren Motoren vorhanden ist, sollte stets, wenn nicht bereits mitgeliefert, ein Ölstandsglas angebracht und der Ölstand regelmäßig geprüft werden.

Außer den mechanischen können auch elektrische Störungen durch starke Verschmutzung des Motors hervorgerufen werden. Bekanntlich wird in jeder elektrischen Maschine ein Teil der elektrischen Energie in Wärme umgewandelt und es stellt sich ein Temperaturgleichgewicht ein, das von der erzeugten Wärme und der durch Leitung und Strahlung abgeführten Wärme abhängig ist. Diese Betriebstemperatur darf wegen der Wärmeempfindlichkeit der Isolierstoffe einen bestimmten Wert nicht überschreiten. Bei den normalen Elektromotoren ist eine Übertemperatur von 60° C bei einer höchsten Raumtemperatur von 35° C zulässig (VDE-Vorschrift). Bei den offenen und tropfwassergeschützten Motoren wird die Wärmeableitung durch einen auf der Welle befestigten Lüfter, der einen Luftstrom von außen durch den Motor erzeugt, wesentlich unterstützt. Durch Verschmutzung der Lufteintrittsöffnungen und des Lüfters, besonders durch ölgemischten Guß- und Schleifstaub, wird die Wärmeableitung derart gestört, daß eine übermäßige Erwärmung und damit eine Zerstörung der Isolation eintritt, bis der Motor durch Kurzschluß in den Wicklungen zum Stillstand kommt. Da diese Erwärmung nicht mit einer wesentlichen Änderung der Stromaufnahme verbunden ist, können derartige Störungen nicht durch Motorschutzschalter usw. verhindert werden. Es ist also für genügende Reinigung der Luftwege zu sorgen, oder aber ein geschlossener oder oberflächengekühlter Motor zu verwenden. In allen Werkstätten, in denen hauptsächlich Gußeisen bearbeitet wird, sind oberflächengekühlte Motoren grundsätzlich zu empfehlen, da bei anderen Motoren der Gußstaub vom Lüfter in das Motorinnere gesaugt wird und sich in den Wicklungsnuten festsetzt, wo er kaum zu entfernen ist, so daß die Wicklungen in kurzer Zeit zerstört werden können (Abb. 31).

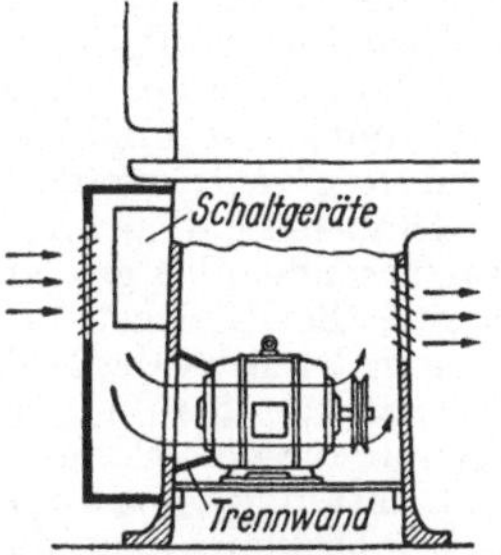

Abb. 31. Schwer zugängliche Motoranordnung im Maschinenfuß einer Drehbank, Kühlanordnung nur in staubarmen Betrieben ratsam [38].

Andererseits kann natürlich die übermäßige Erwärmung des Motors auch die Folge von elektrischer Überlastung sein, d. h. also die Wärmeerzeugung ist größer, als normal vorgesehen. Die erzeugte Wärmemenge ändert sich mit dem Quadrat der Stromstärke und diese steigt wieder mit der entnommenen mechanischen Leistung. Ist ein Motor für eine Maschine zu schwach, also überlastet, so wird er unzulässig warm, was jedoch durch Verwendung eines passenden Schutzschalters vermieden werden kann. Dieser Schutzschalter schaltet den Motor bei dauernd zu großer Stromaufnahme ab, während der Motor bei kurzzeitiger Überlastung nicht abgeschaltet wird. Dies ist erforderlich, da die Einschaltstromstärke besonders bei Kurzschlußläufermotoren ein vielfaches der Nennstromstärke beträgt und sonst das Einschalten des Motors unmöglich wäre. Der Einschaltstrom steigt aber mit der Anfahrbelastung und da viele moderne, elektrisch gesteuerte Werkzeugmaschinen keine ausdrückbare Kupplung zwischen Motor und Getriebe besitzen, tritt hier ein großer Schaltstrom auf. Bei großer Schalthäufigkeit kann es also zu starker Erwärmung des Motors kommen, obwohl der Schutzschalter nicht mit Sicherheit anspricht. In diesem Falle muß der Motor gegen einen geeigneteren ausgetauscht werden. Es sind von den Motorherstellern Sondermotoren für hohe Schalthäufigkeit entwickelt worden, mit denen bis zu 2000 Schaltungen je Stunde ohne unzulässige Erwärmung ausgeführt werden können. Wird außer der Schalthäufigkeit noch ein häufiger Drehsinnwechsel vom Motor verlangt, wobei also außerdem noch eine große Schwungmasse elektrisch abgebremst werden muß, so ist die Belastung des Motors noch erheblich größer, aber auch für diesen Zweck gibt es schon Motoren, z. B. für Hobelmaschinen, die bis zu 4500 Schaltungen je Stunde zulassen. Man ersieht hieraus, daß bei den heutigen Elektrowerkzeugmaschinen nicht ein beliebiger Motor zum Antrieb benutzt werden kann und daß daher auch ein Austauschen des Motors nicht ohne weiteres vorgenommen werden darf.

28. Elektromagneten. Neben den Motoren dienen auch Elektromagneten im Werkzeugmaschinenbau als Antriebsmittel für Schalt- und Spannbewegungen.

Im Gegensatz zum Motor tritt hierbei eine mechanische Bewegung nur im Augenblick des Ein- und Ausschaltens ein, die mechanische Belastung ist also von der Schalthäufigkeit abhängig. Die Betätigungsmagneten dienen zum Schalten von Kupplungen, Bremsen, Spannwerkzeugen und elektrischen Schaltern (Schütze). Die mechanischen Teile sind hierbei mit der gleichen Sorgfalt zu pflegen wie alle sonstigen Maschinenteile, da die Magneten durch mechanische Störungen auch elektrisch beschädigt werden können. Die Bewegung der mechanischen Teile wird durch die im Magnetkern elektrisch erzeugte Kraft hervorgerufen, wobei die Kraft und auch die Stromaufnahme vom Luftspalt des Magnetkernes abhängig ist, und zwar steigt die Zugkraft mit kleiner werdendem Luftspalt, während bei Wechselstrom gleichzeitig die Stromaufnahme sinkt. Daher ist im Augenblick des Einschaltens die Zugkraft am kleinsten und der Einschaltstrom am größten, während am Ende der Bewegung die Haltekraft am größten und der Strom am kleinsten ist. Hierbei soll der Magnetkern geschlossen, also kein Luftspalt vorhanden sein. Beim Einstellen des mechanischen Hubes muß also darauf geachtet werden, daß die magnetischen Eisenteile in der Arbeitsstellung zur Berührung kommen, da sonst die Haltekraft zu klein ist, und der Kern trotz des eingeschalteten Zustandes besonders durch stoßweise mechanische Belastung abfallen kann. Wenn dieser Fall auch selten eintreten wird, so ist doch zu beachten, daß wegen des zu großen Luftspaltes der Arbeitsstrom größer als nötig ist, und so eine elektrische Dauerüberlastung und damit verbundene unzulässige Erwärmung eintritt. Bei Wechselstrommagneten macht sich hierbei auch ein starkes Brummen bemerkbar und es treten Schwingungen in den mechanischen Teilen auf, die deren Lebensdauer sehr nachteilig beeinflussen können. Da sich nicht in jedem Falle ein einwandfreies Schließen des Kernes erreichen, also das Brummen nicht vollkommen verhindern läßt, kann an der Schließstelle eine Kurzschlußwicklung im Eisenkern vorgesehen werden, deren Gegenkräfte eine genügende Dämpfung herbeiführen.

In vielen Fällen wird schon im Augenblick des Einschaltens eine große Zugkraft benötigt, was besonders bei großem Hub eine Überdimensionierung des Magneten erforderlich machen würde. Bei Gleichstrommagneten ordnet man daher einen Vorschaltwiderstand an, welcher etwa in der Mitte des Hubes selbsttätig eingeschaltet wird. Damit wird bei kleiner werdendem Luftspalt der Strom begrenzt und noch eine genügende Haltekraft erreicht, während der Magnet nur für den kleinen Dauerstrom ausgelegt zu sein braucht. Bei derartiger Ausführung muß darauf geachtet werden, daß die Schaltkontakte des Vorwiderstandes richtig eingestellt und in Ordnung sind, da sonst Schäden durch Überlastung eintreten.

Bei größer werdender Schalthäufigkeit tritt eine stärkere Erwärmung des Magneten ein, genau so wie beim Motor, da ja der Einschaltstrom bedeutend höher als der Dauerstrom ist. Die auf den Typenschildern der Magneten angegebene Einschaltdauer (% ED) berücksichtigt die Möglichkeit der Abkühlung während der Betriebspausen bei üblicher Schalthäufigkeit. Bei sehr großer Schalthäufigkeit verwendet man mit Rücksicht auf den hohen Schaltstrom also besser einen Magneten mit 100% ED, auch wenn die tatsächliche Einschaltdauer geringer ist.

Erfahrungsgemäß treten am Bestätigungsmagneten die häufigsten Schäden durch Hängenbleiben der mechanischen Teile ein. Der Magnetkern kann sich nicht ordnungsgemäß schließen und die Magnetwicklungen verbrennen wegen des unvorhergesehenen hohen Dauerstromes. Verhindert werden können diese Schäden nur durch sorgfältige Schmierung, Reinigung und Überwachung der mechanischen Teile und durch Verwendung von Schutzschaltern.

Eine weitere häufig angewandte Magnetart ist das Magnetspannfutter, bei dem das Werkstück selbst als Eisenkern wirkt und den magnetischen Kraftfluß schließt.

Der Aufbau und die Pflege dieser Futter ist besonders einfach, da hier keine mechanisch bewegten Teile vorhanden sind, und da ferner keine elektrische Überlastung stattfinden kann, denn die Wicklungen werden nach dem größten auftretenden Strom, also wenn kein Werkstück vorhanden ist, bemessen.

Die Magnetspannfutter kommen mit den Kühlflüssigkeiten und dem Schleifstaub in engste Berührung und es ist daher besonders auf gute Abdichtung des Gerätes zu achten. Eindringende Kühlmittel zerstören die Isolation der Wicklungen und führen zum Kurzschluß und Unbrauchbarwerden des Futters. Da die Futter im betriebwarmen Zustand übergeschliffen werden, haben auch die Werkstücke wegen der durch die Erwärmung auftretenden Formänderungen des Spannfutters nur dann die beste Auflage und Haltekraft. Empfindliche Arbeiten sollen nur mit warmem Futter vorgenommen werden.

Da die Magnetspannfutter mit Gleichstrom betrieben werden, benutzt man häufig für jedes Futter einen gesonderten Kleingleichrichter. Bei Glühkathoden-Gleichrichtern soll der Kathodenstrom stets etwa 1 Minute vor Benutzung des Futters eingeschaltet werden, da die Anodenbelastung erst einsetzen soll, wenn die Kathode Betriebstemperatur angenommen hat, anderenfalls wird die Lebensdauer des Gleichrichterrohres stark herabgemindert.

29. Elektrische Schaltgeräte. Die Schaltgeräte können als Kupplungen der elektrischen Energie angesehen werden und unterliegen genau wie die mechanischen Kupplungen einem gewissen Verschleiß, der von der Belastung abhängig ist.

Die elektrische Beanspruchung ist von der Größe der zu schaltenden Energie und von der Schalthäufigkeit abhängig, während die mechanische Beanspruchung nur durch die Schalthäufigkeit beeinflußt wird. Wir unterscheiden handbetätigte und elektromagnetisch betätigte Schalter, die naturgemäß in ihrem Aufbau verschieden sind. Für Handbetätigung werden im Werkzeugmaschinenbau heute besonders Walzenschalter und Paketschalter benutzt. Bei diesen tritt ein mechanischer Verschleiß vor allem in der Lagerung und Rastung auf. Die Rastung, die für das einwandfreie Öffnen und Schließen der Kontakte wichtig ist, wird durch Federn bewirkt, die bei größerer Stromstärke entsprechend groß gewählt werden müssen. Von der Federkraft ist die Belastung der Lagerung und Rastung und deren Verschleiß abhängig, und es muß zur Erreichung einer genügenden Lebensdauer eine entsprechend kräftige Ausführung dieser Teile gewählt werden. Ebenso ist hier die Schmierung, am besten mit Fett, nicht zu vernachlässigen, wobei darauf geachtet werden muß, daß der Fettüberschuß nicht die Kontakte verschmieren kann. Wenn auch das Fett selbst ein guter Isolator ist, so wird doch der Metallabrieb darin festgehalten und kann zur Funkenbildung und damit zur Zerstörung des Schalters führen.

Treten an der Rastung oder Lagerung der Schalter Störungen ein, so ist es in den meisten Fällen vorteilhafter und billiger, von einer Instandsetzung abzusehen und den Schalter durch einen neuen zu ersetzen.

Von der Federkraft der Rastung hängt außerdem die zur Betätigung des Schalters notwendige Handkraft und damit die Beanspruchung der Schalterbefestigungsschrauben usw. ab. Ein großer Teil der an Schaltern auftretenden Störungen, wie Bruch oder Kurzschluß an den Zuführungsleitungen usw. ist auf unzureichende Befestigung des Schalters auf seiner Unterlage zurückzuführen. Es ist also unbedingt zu beachten, daß alle handbetätigten Schalter entsprechend den hier auftretenden Handkräften sicher genug befestigt werden, und zwar gilt das sowohl für die Befestigung des Schalters in seinem Gehäuse als auch für die Anbringung des Schalters an der Maschine.

Anders ist die Sache bei den elektrisch gesteuerten Schaltern, also den Schützen oder Relais, denn hier ist im allgemeinen der Kraftverlauf in sich geschlossen, und die Schaltkräfte wirken nicht auf die Befestigungselemente. Dies ist ein wesentlicher Grund für die oft bedeutend höhere mechanische Lebensdauer dieser Schaltgeräte. Man wendet also handbetätigte Schalter nur bei geringer Schalthäufigkeit — bis etwa 20 Schaltungen je Stunde — an, während darüber hinaus das Schütz stets zu bevorzugen ist.

Für die mechanische Beanspruchung der Schütze gilt sinngemäß das bei den Betätigungsmagneten gesagte. Bei Ölschaltern, bei denen sich die mechanischen Teile in einem Ölbade befinden, ist für eine ausreichende Schmierung stets gesorgt, nur muß der Ölstand laufend überwacht werden, was besonders auch zur Vermeidung elektrischer Schäden erforderlich ist. Luftschütze sind an den Verschleißstellen von Zeit zu Zeit nach gründlicher Reinigung mit Fett oder Vaseline zu schmieren.

Eine elektrische Beanspruchung der Schalter tritt außer in den stromdurchflossenen Spulen der selbsttätigen Schalter lediglich an den Kontakten ein. Die Größe der Berührungsfläche der beiden Kontaktteile muß in einem bestimmten Verhältnis zu dem durchfließenden Strom stehen, da sich sonst die Berührungsstellen so stark erwärmen, daß das Kontaktmetall schmilzt und der Kontakt unbrauchbar wird. Es genügt also nicht allein, wenn die Kontaktstücke groß genug bemessen sind, es muß vielmehr beim Einbau auf die Größe der Berührungsfläche geachtet werden. Stehen die Kontaktteile schief zueinander, so daß sie sich nur an einer Kante berühren, so müssen sie ausgerichtet, nicht aber abgefeilt werden, wie es vielfach gemacht wird, da sonst wertvoller Kontaktwerkstoff unnötig verloren geht und so die Lebensdauer herabgemindert wird. Für sehr hohe Schalthäufigkeit in Luft verwendet man zur Verringerung der Oxydation bei Funkenbildung vorteilhaft Kontakte mit Edelmetallauflage (Silber, Wolfram), die eine mehrfache Lebensdauer gegenüber Kupferkontakten haben. Das Öffnen und Schließen der Kontakte muß so schnell erfolgen und der Öffnungshub muß so groß sein, daß sich kein Lichtbogen ausbilden kann, der zum Abschmelzen der Kontakte führt. In Sonderfällen kann ein Kondensator zum Kontakt parallel geschaltet werden, um den Funken zu löschen, jedoch muß man bei Wechselstrom darauf achten, daß hier stets ein von der Größe des Kondensators abhängiger Strom über den Kondensator fließt. An den Kontaktstellen wird stets ein gewisser Verschleiß auftreten, der durch Bestreichen der Oberfläche mit einer dünnen Vaselineschicht herabgemindert werden kann. Die Kontakte müssen aber auch von Zeit zu Zeit gereinigt werden, da, besonders bei Kontakten mit gegenseitiger Gleitbewegung, abgeriebene Metallteilchen an der Vaselineschicht hängen bleiben und die Funkenbildung begünstigen. Die Füllung von Ölschaltern muß in gewissen Zeitabständen geprüft und gegebenenfalls gereinigt und entfeuchtet werden, da sich die Durchschlagfestigkeit mit steigendem Wassergehalt stark verringert. Die VDE-Vorschriften über Behandlung von Schalter- und Transformatorenölen sind auf jeden Fall zu beachten. Zur Reinigung dieser Öle sind besondere Filtereinrichtungen im Handel, deren Beschaffung sich jedoch nur in Großbetrieben lohnt.

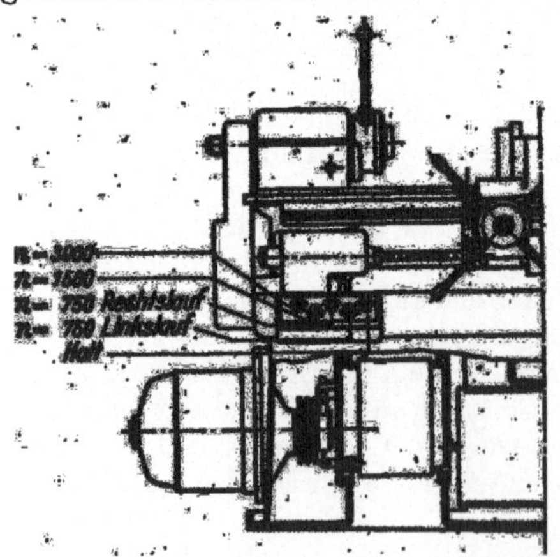

Abb. 32. Günstige Motoranordnung und Anbau der kühlwassergeschützten Druckknopftafel an einer Revolverdrehbank [38].

Außer den eigentlichen Schaltgeräten werden an den Werkzeugmaschinen vielfach Steuergeräte benutzt, das sind leichtere Schalter und Tasten im Steuerstromkreis der Schütze. Da die hier zu schaltende Leistung sehr gering ist, und auch in den meisten Fällen der Steuerstrom vom Schütz selbst wieder unterbrochen wird, tritt hier keine wesentliche Funkenbildung und elektrische Beanspruchung der Kontakte ein. Wir müssen auch hier zwischen handbetätigten Steuergeräten und solchen, die mechanisch von den bewegten Maschinenteilen betätigt werden, unterscheiden. Zur Handbetätigung werden in den weitaus meisten Fällen Tasten benutzt (Abb. 32). Bei versenktem Einbau sind die aus Isolierstoff gefertigten Ausführungen denen aus Metall vorzuziehen, denn an der Steuerleitung liegt in den meisten Fällen eine Spannung in Höhe der Netzspannung und die Tasten werden oft mit nassen Händen berührt. Bei Verwendung von metallgekapselten Steuer- und Schaltgeräten muß unbedingt auf eine einwandfreie Erdung der außen liegenden Teile geachtet werden, ebenso ist jede Maschine selbst mit der Erdleitung zu verbinden.

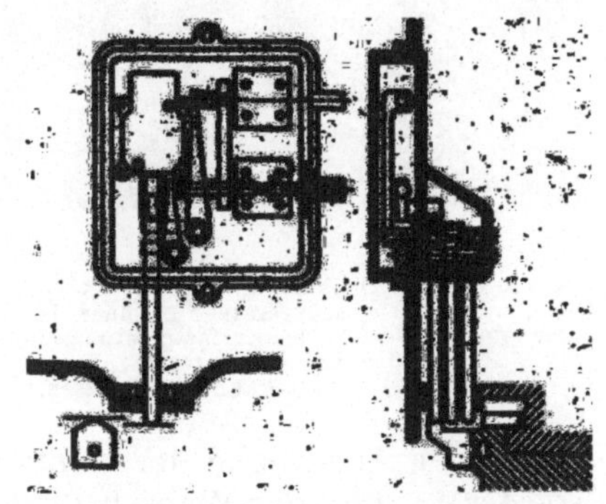

Abb. 33. Kühlwassersicheres Steuerschaltgehäuse an einer Fräsmaschine [22].

Da den mechanisch betätigten Steuerorganen meist mit ihrer Aufgabe auch gleichzeitig ein bestimmter Platz an der Maschine zugewiesen ist, läßt es sich oft nicht verhindern, daß sie zwangsläufig in innige Berührung mit dem Kühlwasser, Schleifstaub und den Spänen kommen. Daher muß man stets für besten Schutz gegen das Eindringen von Wasser und Fremdkörpern sorgen, was durch zweckmäßigen Anbau und sorgfältigste Abdichtung des Gerätes erreicht werden kann (Abb. 32). Durch Aussetzen oder unrichtiges Arbeiten solcher Steuergeräte können schwerste Schäden nicht nur an der elektrischen Einrichtung, sondern auch an der gesamten Maschine hervorgerufen werden.

30. Allgemeines über Instandhaltung elektrischer Einrichtungen. Als erste wichtige Frage bei der Pflege der elektrischen Einrichtungen an Werkzeugmaschinen ist zu prüfen, ob zur Durchführung dieser Arbeiten unbedingt ein Elektriker erforderlich ist, d. h. ob hierfür nur Arbeiter mit bestimmten Fachkenntnissen in Frage kommen. Hierzu muß festgestellt werden, daß alle laufenden Pflegearbeiten, wie Reinigung und Schmierung der mechanischen Teile und auch der Kontakte nur durchgeführt werden dürfen, nachdem die ganze Einrichtung spannungslos gemacht wurde. Dann besteht aber auch keinerlei Gefahr mehr und die Arbeiten können von angelernten Arbeitern vorgenommen werden. Es ist zweckmäßig, sie der Schmierkolonne zu überlassen. Das ist natürlich nur möglich, wenn sich die Anlage in einfacher Weise vom Netz abschalten läßt, also ein deutlich erkennbarer Hauptschalter vorgesehen ist. Besonders übersichtlich und auch für jeden Laien verständlich ist der Anschluß aller kleineren und mittleren Maschinen an gesicherte Wandsteckdosen, wobei die Trennung der Maschine vom Netz stets durch Herausziehen des Steckers, nicht aber durch Lösen der Sicherungen erfolgen soll. Beschädigte Glühlampen und Sicherungen können natürlich auch von angelernten Leuten ausgewechselt werden, während der Betriebselektriker in allen Fällen zu rufen ist, wenn die Sicherungen sehr häufig oder stets beim erneuten Einschalten der Maschine durchbrennen, oder sich sonstige Störungen an den elektrischen Einrichtungen bemerkbar machen. Abgesehen davon, daß der Laie den Fehler in den meisten Fällen gar nicht finden würde, ist die Prüfung der Anlage auch nicht ganz ungefährlich, da vielfach die Beobachtung der Schütze usw. während des Betriebes erfolgen muß Auch das Auswechseln der Kontakte an Schaltgeräten ist dem Elektriker zu überlassen, da die richtige Kontakteinstellung stets im Betrieb geprüft werden muß.

Die Instandhaltung und Fehlerbeseitigung an den elektrischen Einrichtungen kann ganz wesentlich durch zweckmäßige und übersichtliche Anordnung der Leitungen und Geräte erleichtert werden, das gilt sowohl für die Anlagen in den Gebäuden wie auch an den Maschinen. In den Werkstätten ist es nicht zweckmäßig, die Leitungen am Boden in abgedeckten Kabelkanälen zu verlegen, da sich hier stets Schmutz, Öl und Späne sammeln, die dann bei Kurzschluß und Leitungsstörungen leicht zu Bränden Anlaß geben. Besser und übersichtlicher ist es in jedem Falle, die Leitungen an der Decke oder hoch an der Wand zu verlegen und die Maschinen, wie schon erwähnt, über Sicherungen und Steckdosen anzuschließen.

Abb. 34. *a* Übersichtliche Anordnung der elektrischen Schalt- und Sicherungsgeräte auf einer Isolierstoffplatte außen an einer Senkrechtschleifmaschine [22]. Schutzhaube entfernt. *b* Desgl. Schutzhaube geschlossen.

Bei der Anordnung der elektrischen Geräte an Werkzeugmaschinen hat der Konstrukteur oft den Wunsch, die Geräte möglichst zu verstecken, um ein gefälliges Äußere der Maschinen zu erreichen. Vom Gesichtspunkt der Maschinenpflege aus ist dieser Wunsch zu verwerfen, denn bei der Anordnung sollte in erster Linie die bequeme Zugänglichkeit und der Schutz gegen Beschädigungen und Verunreinigungen im Vordergrund stehen. Wenn sich dann bei Berücksichtigung dieser Punkte die Geräte unauffällig unterbringen lassen, ist die beste Lösung gefunden. Hat man nun einmal eine solche Maschine, bei der die Ausbesserungen an den elektrischen Geräten nur in schwierigster Bodenlage vorgenommen werden können, so empfiehlt es sich stets, die Geräte auszubauen, auf einer Isolierstoffplatte zu befestigen und diese an leicht zugänglicher Stelle außen an der Maschine anzubauen und mit einer Schutzhaube aus Blech zu überdecken (Abb. 34). Die Geräteplatte muß im Abstand von etwa 10 bis 30 mm von der Maschine angebracht werden, so daß von der Maschine ablaufendes Öl oder Bohrwasser nicht mit den Geräten in Berührung kommen kann. Man wird sich sicher an den vielleicht etwas verschlechterten Anblick eher gewöhnen können, als an die höheren Instandhaltungskosten. Bei größeren Maschinen mit umfangreicher elektrischer Einrichtung baut man die Geräte zweckmäßig übersichtlich in einem besonderen Schaltschrank ein, der neben der Maschine aufgestellt wird (Abb. 35 u. 36). Besonders vorteilhaft können in manchen Fällen die Geräte auch an der Innenseite einer Tür im Maschinenständer befestigt werden, so daß sie bei geöffneter Tür leicht zugänglich sind (Abb. 37). Es ist hierbei jedoch darauf zu achten, daß die zu den Geräten führenden Lei-

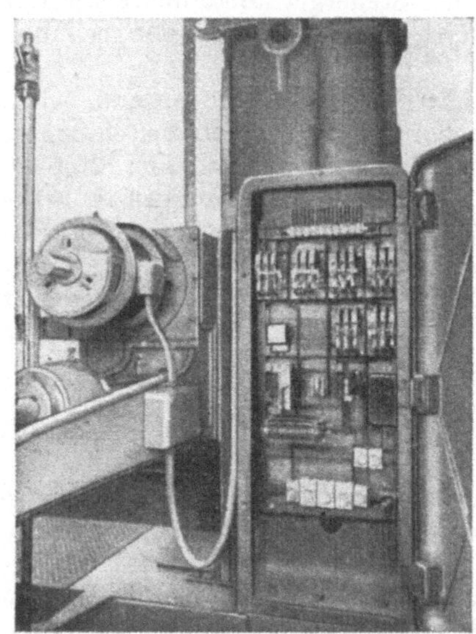

Abb. 35. Geöffneter Schaltgeräteschrank im Ständer eines Waagerecht-Bohr- und Fräswerkes [38].

tungen beim Öffnen und Schließen der Tür nicht beschädigt werden können. Man faßt die Leitungen am besten in einem oder mehreren Kabelschläuchen zusammen

Abb. 36. Zweiständer-Hobelmaschine mit eingebautem Schaltgeräteschrank, gekapseltem Steuerschalter am Bett, getrenntem Leonard-Antriebsatz. Die Leitungen liegen bei betriebsfertig aufgestellter Maschine im Fußboden [35b].

und legt diese im Inneren des Maschinenständers und an der Tür mit Schellen fest, wobei die Höhe der Schellen am besten verschieden gewählt wird, so daß die Kabel schräg zur Drehachse der Tür liegen.

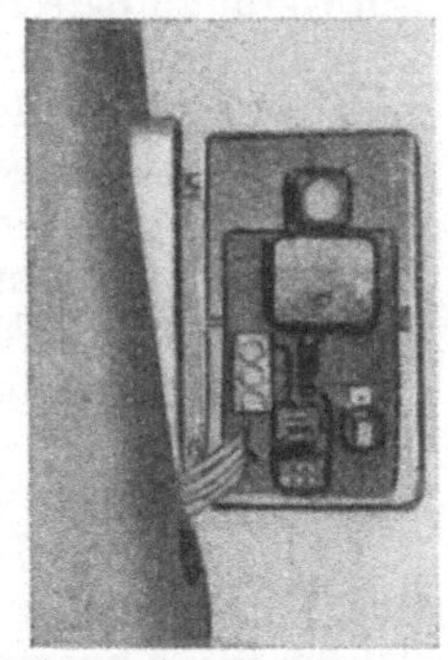

Abb. 37. Leicht zugängliche Anordnung der elektrischen Schaltgeräte auf der Innenseite einer Maschinentür [22].

Falls an der Maschine kein Hauptschalter vorgesehen sein sollte, so ist dieser stets nachträglich anzubauen und zwar entweder an der Maschine selbst oder sonst an einer leicht vom Bedienungsstand zugänglichen und auffindbaren Stelle in unmittelbarer Nähe der Maschine.

Genau wie für die Gebäude und Anlagen ein genauer elektrischer Leitungsplan vorhanden sein soll, gehört auch zu jeder Maschine ein Installationsplan, der zweckmäßig in dauerhafter Ausführung bei der Maschine aufbewahrt wird. Der Installationsplan soll die Anordnung der Geräte und Leitungen an der Maschine klar erkennen lassen und vor allem die Klemmbezeichnungen enthalten, die auch an den einzelnen Geräten angebracht sind, so daß der richtige Einbau und Anschluß der Geräte leicht geprüft oder ein Austausch einzelner Teile oder Leitungen schnell vorgenommen werden kann. Bei kleineren Anlagen wird der Elektriker auch aus dem Installationsplan die Wirkungsweise erkennen können, so daß er Störungen und deren Ursache schnell feststellen und beseitigen kann. Handelt es sich jedoch um große und verwickelte Anlagen, wie sie heute bei elektrisch gesteuerten selbsttätigen und halbselbsttätigen Werkzeugmaschinen häufiger vorkommen, so ist es schon schwierig, sich an Hand des Installationsplanes allein die Wirkungsweise klar zu machen. Hier sollte dann außer dem Installationsplan stets noch ein Schaltplan vorhanden sein, der so entworfen ist, daß die Aufgaben und das Zusammenwirken der einzelnen Geräte möglichst schnell übersehen werden kann. Besonders vorteilhaft sind hier die sogenannten Stromlaufpläne, bei denen die räumliche Anordnung der Geräte und Leitungen vollkommen vernachlässigt wird, um den zeitlichen Aufbau der Schaltvorgänge klar darstellen zu können. Hierbei werden die Leitungen so weit getrennt voneinander aufgezeichnet, daß die dazwischen geschalteten Geräte in der Reihenfolge eingezeichnet werden können, wie sie zur Wirkung kommen. Man kann dann den Verlauf des Stromes von einem Pol zum anderen verfolgen und die hierbei ausgelösten Wirkungen schnell übersehen. Auf diese Weise wird es wohl stets am einfachsten möglich sein, Störungen in der Anlage zu erkennen und zu beheben.

Aus dem bisher gesagten ergibt sich als erste Aufgabe nach der Feststellung einer Störung die Prüfung, ob der beschädigte Motor oder das Schaltgerät usw. den Anforderungen in bezug auf mechanische und elektrische Belastbarkeit genügen. In allen Fällen, in denen man in dieser Hinsicht Bedenken hat, sollte man stets eine stärkere Type oder geeignetere Ausführung auswählen und verwenden, denn der Preisunterschied der Geräte wird im allgemeinen unwesentlich sein gegenüber dem Vorteil, eine fortgesetzte Wiederholung der Schäden zu vermeiden. Beim Austausch von Geräten soll auch stets die Beschränkung der im Betriebe verwandten Typen berücksichtigt werden, womit die Lagerhaltung von Ersatzteilen ganz wesentlich erleichtert werden kann. Eine Vereinfachung läßt sich z. B. durchführen, wenn man nur die Schaltgerätetypen für zwei verschiedene Stromstärken, also etwa für 25 und 60 Amp. verwendet, anstatt alle auf dem Markt befindlichen Geräte für 6, 10, 15, 25, 40 und 60 Amp. vorrätig zu halten. Der höhere Preis der Geräte wird durch die höhere Lebensdauer und vereinfachte Lagerhaltung ausgeglichen.

31. Elektrohandwerkzeuge[1]. An dieser Stelle soll noch kurz auf die Pflege der Elektrohandwerkzeuge eingegangen werden, da diese ebenfalls von der Instandhaltungsabteilung betreut werden sollen. Für die Pflege gilt natürlich sinngemäß das über die Elektromotoren oben bereits gesagte, nur sind hier noch besondere Fehler und Störungsmöglichkeiten vorhanden, die sich aus der Verwendung der Elektrohandwerkzeuge ergeben. Wie bei allen ortsveränderlichen Elektrogeräten, also auch Handlampen usw., sind die am häufigsten auftretenden Störungen auf Kabelschäden zurückzuführen. Besonders an den Kabelenden, also am Gerät und am Stecker werden die Leitungen durch starkes Knicken leicht beschädigt und es empfiehlt sich daher, die Kabelausführung an diesen Stellen durch Gummitüllen zu schützen und die Leitungen selbst durch Schellen oder Klemmstücke sorgfältig am Gerät zu befestigen. Die Zuleitung soll stets lang genug sein, und die Steckdose so nahe am Arbeitsplatz angeordnet werden, daß Zugbeanspruchungen des Kabels möglichst vermieden werden. Einen weiteren Anlaß zu Störungen an den Elektrohandwerkzeugen geben häufig die im Gerät eingebauten Schalter. Da es sich hier meist um besondere Ausführungsformen der Schalter handelt, können die Ersatzteile nur vom Hersteller des Gerätes bezogen werden, und es sollte daher im Betrieb nur eine beschränkte Anzahl von Erzeugnissen und Typen angestrebt werden. Bei der Auswahl sollte auf eine dauerhafte Ausführung des Schalters besonders geachtet werden.

Weitere Störungen an Elektrohandwerkzeugen, wie Isolationsschäden in den Wicklungen und Lagerschäden, sind oft auf unzulässige Erwärmung während des Betriebes zurückzuführen. Diese kann durch starke Verschmutzung und durch Überlastung hervorgerufen werden. Da in den Geräten selbst im allgemeinen keine elektrischen Sicherungen vorgesehen sind, an den Steckdosen aber stets Maschinen verschiedener Leistung wahlweise verwendbar sein sollen, ist ein elektrischer Schutz gegen Überlastung nicht vorhanden, und es muß im Betriebe dauernd überwacht werden, daß die Maschinen nur für den vorgesehenen Zweck und Arbeitsbereich benutzt werden. Wird eine Störung durch zu hohe Temperatur festgestellt, so ist stets eine sorgfältige Reinigung der Kühlluftführung und eine Prüfung der Isolation vorzunehmen, ebenso sind die Lager neu zu fetten, da das alte Fett häufig infolge der Erwärmung ausgeflossen ist, denn nur so kann eine erneute Störung an der Maschine nach kurzer Betriebszeit verhindert werden.

Schäden an den vielfach verwandten biegsamen Wellen lassen sich verringern, indem man den Motor in kardanischer Aufhängung anordnet, wobei ein Knicken

[1] Vgl. Werkstattbuch Heft 79, „Maschinelle Handwerkzeuge“.

der Welle an der Motorkupplung verhindert wird. Ist außerdem der Motor an einer Laufschiene aufgehängt, so kann er weitgehend den Erfordernissen der Arbeit folgen, und die biegsame Welle ist entlastet. Zu beachten ist ferner, daß die biegsamen Wellen von Zeit zu Zeit mit Fett geschmiert werden müssen. Ist erst eine starke Erwärmung der Welle festgestellt, so dauert es bis zum Festsitzen nur noch kurze Zeit.

Sollen die Schäden an Elektrohandwerkzeugen durch vorsorgende Pflege- und Instandhaltungsmaßnahmen verhindert werden, so ist eine regelmäßige, gründliche Prüfung der Geräte mindestens alle 150 bis 200 Betriebsstunden erforderlich. Diese Prüfung erstreckt sich besonders auf die Zuleitung mit Stecker, die Isolation, die Kohlebürsten, den Schalter, die Lüftung und die Lagerung. Das Zerlegen der Maschine, die innere Säuberung des Lüfters und der Fettwechsel im Getriebe und in den Lagern wird etwa nach 1000 Betriebsstunden erforderlich sein, wobei eine gründliche Überholung der gesamten Maschine durchgeführt wird.

F. Drucköl- und Drucklufteinrichtungen an Werkzeugmaschinen.

32. Druckölcinrichtungen. An neueren Werkzeugmaschinen finden wir immer häufiger Druckölanlagen zur Steuerung oder zum Antrieb von Spann- und Vorschubbewegungen, teilweise auch zur stufenlosen Drehzahlumformung. Da die verschiedenartigsten Aggregate und Systeme verwandt werden, sind bei der Pflege und Instandhaltung der Anlagen in erster Linie die Vorschriften der zur Maschine gelieferten Bedienungsanweisung zu beachten, und es können hier nur wenige allgemein gültige Instandhaltungsanweisungen gegeben werden.

Zur Erreichung eines einwandfreien Betriebes und einer langen Lebensdauer der Druckölanlage muß vor allem das Eindringen von Schmutz und Fremdkörpern in den Ölkreislauf verhindert werden. Ähnlich wie bei Umlaufschmiersystemen ist die Ölfüllung im allgemeinen nach etwa 3000 Betriebsstunden zu wechseln. Das Altöl wird zweckmäßig in betriebswarmem Zustand der Maschine abgelassen, da hierbei die im Kreislauf vorhandenen Verunreinigungen (Abrieb) am besten entfernt werden.

Das Frischöl — es wird meist ein Öl mit geringerer Viskosität als für allgemeine Schmierzwecke verwandt — soll stets über ein Filter eingefüllt werden. Ist an der Einfüllöffnung kein Filter angebaut, so muß das Öl unmittelbar vor dem Einfüllen filtriert werden.

Zum Reinigen kann Spülöl verwandt werden, während bei der Benutzung anderer Reinigungsmittel stets Vorsicht geboten ist, da die Dichtungswerkstoffe und Stopfbüchsenpackungen gegebenenfalls durch ungeeignete Stoffe beschädigt werden können, und man sollte sich daher stets an die Angaben der Betriebsanweisung halten. Eine Verunreinigung der Anlage während des Betriebes ist kaum zu erwarten, da infolge des Überdruckes das Eindringen von Fremdkörpern in das Innere der Leitungen nicht möglich ist. Sind jedoch Instandsetzungsarbeiten notwendig, so muß mit größter Sorgfalt und Sauberkeit gearbeitet werden; alle Teile sind vor dem Einbau peinlich zu reinigen.

Um den Ölverlust während des Betriebes möglichst gering zu halten, sind alle Stopfbüchsen und Dichtungen laufend zu überwachen und nachzustellen, ebenso wie der richtige Ölstand im Saugbehälter häufig zu prüfen ist. Ist der Ölstand zu niedrig, so kann Luft in die Druckleitungen gefördert werden, wodurch ein unruhiges oder fehlerhaftes Arbeiten der Anlage hervorgerufen wird. Das kann man auch leicht als starke Schwingungen am Öldruckmesser feststellen, sofern ein solcher an der Anlage vorhanden ist.

Ist infolge von Störungen ein Zerlegen der Anlage nicht zu vermeiden, so muß nach eingehendem Studium der Bedienungsanweisung vorsichtig gearbeitet werden.

Alle Einstellungen, wie Begrenzungen und Anschläge an Steuerorganen, federbelastete Ventile usw. müssen markiert werden, da sie teilweise nur unter Benutzung besonderer Hilfsmittel wie Manometer usw. wieder richtig eingestellt werden können.

Infolge des hohen Druckes sind Schlauchleitungen einem unvermeidlichen Verschleiß ausgesetzt, so daß sie von Zeit zu Zeit erneuert werden müssen. Durch Flicken kann der Schaden höchstens für kurze Zeit vorübergehend behoben werden. Der Ersatzschlauch muß die richtigen Abmessungen, besonders auch die richtige Länge, haben. Er muß sorgfältig auf den Tüllen befestigt werden, so daß keine Zugbelastung oder Knicken des Schlauches besonders an den Tüllen eintritt. Es ist auch darauf zu achten, daß der Schlauch bei voller Ausnutzung der Maschinenbewegungen nirgends scheuern kann; er soll stets frei hängen.

33. Druckluftanlagen. Im Gegensatz zu den Druckölanlagen an Werkzeugmaschinen ist bei Verwendung von Druckluft die Erzeugeranlage im allgemeinen von der Maschine getrennt angeordnet. In den meisten Fällen werden zentrale Drucklufterzeuger benutzt und die einzelnen Maschinen und Geräte an den Verteilerleitungen angeschlossen. An den spangebenden Werkzeugmaschinen wird Druckluft besonders zur Betätigung von Spannfuttern, Werkstoffvorschüben usw. benutzt, während bei der spanlosen Formung, besonders bei der Blechbearbeitung und im Gießereibetrieb eine sehr vielseitige Anwendungsmöglichkeit besteht.

Will man einen störungsfreien Betrieb der Werkzeugmaschinen mit Drucklufteinrichtung erreichen, so sind natürlich die Drucklufterzeuger- und Verteileranlagen ebenfalls sorgfältig zu pflegen. Auf die Instandhaltung der Verdichter selbst soll hier nicht näher eingegangen werden, es sei auf die zu den Maschinen gehörenden Wartungsvorschriften verwiesen. Zur Erzielung reiner Druckluft, wie wir sie zum Betriebe der Werkzeugmaschinen benötigen, muß vor allem auf den ordnungsmäßigen Zustand des Saugfilters, das in genügend kurzen Zeitabständen zu reinigen ist, geachtet werden. Ferner muß die Leitung zwischen Verdichter und Druckwindkessel und der Kessel selbst etwa einmal halbjährlich gereinigt werden, da hier das aus dem Zylinder mitgerissene Öl und Fett zusammen mit dem Kondenswasser Zerfallprodukte bildet, die die Güte der Druckluft beeinträchtigen können. Nach der Reinigung werden diese Leitungen und der Kessel, soweit das möglich ist, zweckmäßig von innen mit einer Rostschutzfarbe gestrichen.

Die Druckluftverteilerleitung erfordert außer der regelmäßigen Entleerung der Kondenswassertöpfe, die am besten täglich einmal erfolgt, keine besondere Wartung, sofern die Anlage in Ordnung ist. Bei der Neuverlegung von Druckluftleitungen ist zu beachten, daß Ringleitungen vorteilhafter sind als strahlenförmige Anordnungen, da die Undichtheitsverluste hier bei größeren Anlagen meist geringer sind, und da so bei Instandsetzungen und Änderungsarbeiten Betriebsstörungen weitgehend vermieden werden können, falls genügend Absperrorgane in der Leitung vorgesehen sind. Die Leitungen muß man mit einem Gefälle von mindestens 1:300 verlegen, um keine unerwünschten Wasseransammlungen zu erhalten. Um Rostschäden in den Leitungen zu vermeiden, verwendet man vorteilhaft innen verzinkte Rohre. Geschweißte Leitungen sind denen mit Schraubverbindungen wegen geringerer Undichtheiten unbedingt vorzuziehen. Zapfleitungen sollen stets, möglichst unter Vorschaltung eines Kondenswassersammlers, nach oben aus der Hauptleitung herausgeführt

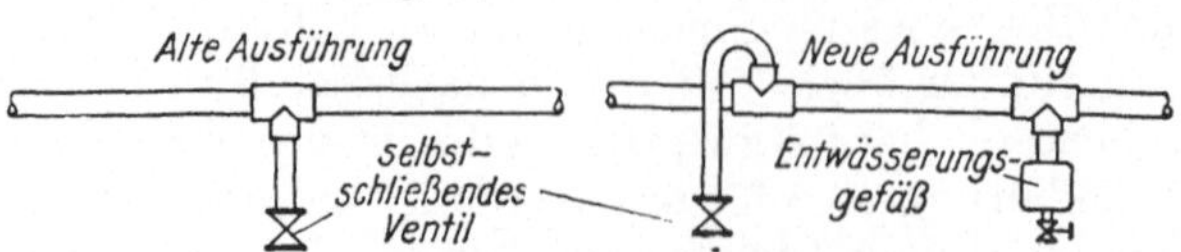

Abb. 38. Druckluftleitung mit Anschlußstellen vor und nach dem Umbau [1b].

werden (Abb. 38). Die Verwendung von selbstschließenden Zapfhähnen ist überall dort empfehlenswert, wo Leitungen häufig abgekuppelt werden, wie es besonders bei Verwendung von Drucklufthandwerkzeugen der Fall ist.

Zur Vermeidung großer Leitungsverluste sollte die ganze Anlage einmal halbjährlich auf Undichtheiten geprüft werden. Zu diesem Zwecke werden, am besten sonntags, alle Zapfhähne geschlossen, so daß die Luft nur aus den vorhandenen undichten Stellen entweichen kann. Bei Unterschreitung eines bestimmten Druckes wird der Verdichter selbsttätig eingeschaltet, und nach Erreichen des Höchstdruckes schaltet der elektrische Druckschalter die Anlage wieder ab. Wird nun die Einschaltdauer über eine genügend lange Versuchszeit beobachtet, so lassen sich die Undichtheitsverluste an Hand der Motorleistung in einfacher Weise ermitteln. Rechnet man sich dann einmal den jährlichen Verlustbetrag aus, so wird man bald einsehen, wie lohnend eine Beseitigung der Mängel ist. Um die Fehler der Leitung zu finden, wird in stiller Betriebszeit die Leitung auf Abblasegeräusche untersucht, wobei man verdächtige Stellen durch Bestreichen mit Seifenwasser prüft. Erfahrungsgemäß treten Undichtheiten besonders an Hähnen und Schlauchkupplungen auf.

Nach der Neuanlage der Druckluftleitungen sollen diese stets vor dem Anschließen irgendwelcher Geräte durch Ausblasen gereinigt werden, damit die beim Bau unvermeidlichen Verunreinigungen nicht zu Beschädigungen der Geräte führen können.

Die wichtigsten Schadensquellen an den Drucklufteinrichtungen sind die Stulpen (Manschetten) und Dichtungen an Arbeits- und Steuerzylindern. Diese werden besonders durch eingedrungenen Schmutz und durch Wasser leicht beschädigt. Es ist daher zu empfehlen, den Haupthahn auch in kürzeren Betriebspausen, wie sonntags und nachts, verschlossen zu halten, damit sich kein Kondenswasser in der Anlage sammeln kann. Ebenso wie bei den Verteilerleitungen ist es notwendig, die Anlage nach Instandsetzungen vor Inbetriebnahme auszublasen, um den eingedrungenen Schmutz zu entfernen. Der störungsfreie Betrieb erfordert, ebenso wie bei anderen Maschinenelementen, eine sorgfältige Schmierung. Da das Schmieröl vom Luftstrom mitgerissen wird, sind die Schmiernippel am Lufteintritt anzuordnen. Die Schmierung ist im allgemeinen ausreichend, wenn sich am Auspuff der Anlage stets etwas Öl vorfindet, was natürlich zum Zweck der Überwachung immer wieder abzuwischen ist.

Treten Undichtheiten an den Stulpen und Dichtungen auf, so soll stets zunächst versucht werden, dem Übelstand durch vermehrte Schmierung zu begegnen, was in sehr vielen Fällen erfolgreich ist, ehe man zum Auswechseln der Dichtungen schreitet. Neue Stulpen aus Leder und ähnlichen Stoffen werden vor dem Einbau mit Öl schmiegsam geknetet, während Papierdichtungen mit Öl oder Paraffin getränkt werden. Der Zusammenbau muß vorsichtig vorgenommen werden, um die Stulpen nicht schon beim Einführen in den Zylinder zu beschädigen.

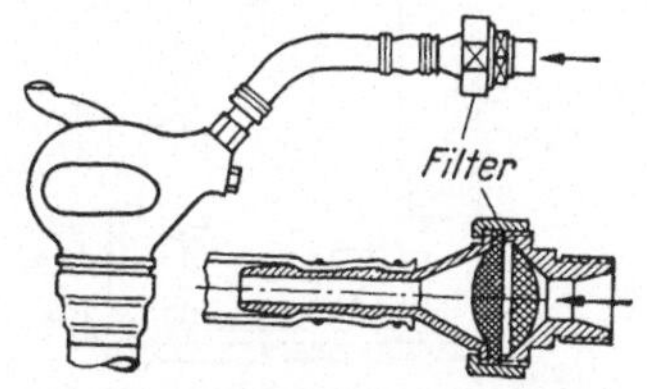

Abb. 39. Filter für Drucklufthandwerkzeuge an einem kurzen Schlauchstück, das Filter bleibt stets fest am Werkzeug [1b].

34. Drucklufthandwerkzeuge. Außer den Drucklufteinrichtungen an Werkzeugmaschinen werden in vielen Betrieben besonders für gröbere Arbeiten Drucklufthandwerkzeuge benutzt. Da bei diesen Geräten durch das häufige Lösen der Schlauchkupplungen die Gefahr der Verschmutzung besonders groß ist, ist es ratsam, vor dem Gerät ein feines Sieb anzuordnen, welches stets mit diesem verbunden bleibt (Abb. 39). Während der Arbeitspausen werden die Geräte zweckmäßig unter Petroleum aufbewahrt, bei Arbeitsbeginn ausgeschwenkt und mit Luft ausgeblasen. Dann werden sie durch Einblasen von Schimeröl durchgeschmiert und in Betrieb genommen. Durch diese regelmäßig täglich vorgenommenen Pflegemaßnahmen lassen sich der Verschleiß und die Schäden an Drucklufthandwerkzeugen erfahrungsgemäß bedeutend herabmindern.

G. Staubschutz an Werkzeugmaschinen.

Es gibt grundsätzlich zwei Wege, um das Eindringen von Staub, Schmirgel, feinsten Spänen, Zunder usw. zwischen die Gleitflächen von Führungsbahnen und Lagern zu verhindern. Erstens kann man die Abgabe von Staub an der Entstehungsstelle in die Luft weitgehend verhindern, das wäre aktiver Staubschutz. Zweitens versucht man das Niederschlagen des Staubes aus der Luft auf die Gleitflächen usw. zu verhindern, das wäre passiver Staubschutz. Da keiner der beiden Wege zu einem vollkommenen Schutz führen wird, sind stets beide Schutzarten zu beachten und möglichst durchzuführen, wobei der aktive Staubschutz schon deshalb nicht vernachlässigt werden darf, weil ja meistens eine größere Anzahl verschiedenartiger Maschinen nahe beieinander stehen, deren passiver Staubschutz nicht immer gleichwertig ist, ganz abgesehen von der Belästigung der Bedienungsmannschaft durch den Staub.

35. Aktiver Staubschutz. Das wichtigste Gesetz zur Bekämpfung der Staubschäden im Betriebe ist die möglichst weitgehende räumliche Trennung der Stauberzeuger von den staubempfindlichen Maschinen. Das erscheint so selbstverständlich und doch wird so viel gegen diese einfache Regel verstoßen. Wie oft findet man einen Gußdrehautomaten dicht neben einer Rundschleifmaschine oder ein empfindliches Feinmeßgerät neben einer Schleifmaschine stehen, so daß der Staub von einer Maschine auf die andere übergeht. Ja es gibt sogar Fälle, in denen neben der Fertigmontage hochwertiger Maschinen im gleichen Raume in nur etwa 5 m Abstand mit Preßluftmeißeln Guß nachgeputzt wird. In diesem Falle nutzt die gewissenhafteste Zusammenbauarbeit gar nichts, denn der verschleißfördernde Staub wird der Maschine ja schon vom Hersteller auf den Lebensweg mitgegeben.

Besonders bei der zerspanenden Bearbeitung von Gußeisen, verzunderten Stahlteilen, manchen Kunststoffen und beim Schleifen kann die Staubbildung nicht vermieden werden. Die beste Möglichkeit, die Abgabe des Staubes an die Luft zu beschränken, ist die Verwendung flüssiger Kühlmittel an der Bearbeitungsstelle. Auf die Notwendigkeit des einwandfreien Filterns im Kühlmittelkreislauf muß nachdrücklich hingewiesen werden. Bei vielen Arbeitsgängen ist es jedoch nicht möglich, mit Kühlflüssigkeiten zu arbeiten und man saugt dann den Staub mit einem Luftstrom ab. In sehr vielen Fällen sind an den Maschinen keine Absaugeeinrichtungen vorhanden und der Betriebsmann ist gezwungen, geeignete Anlagen selbst nachträglich anzubauen. Es sind Anlagen der verschiedensten Größe und Leistung so vielfältig auf dem Markt, daß für die meisten Fälle leicht etwas Passendes gefunden werden kann, zudem wird man im allgemeinen die Einrichtungen selbst nicht wesentlich billiger herstellen können.

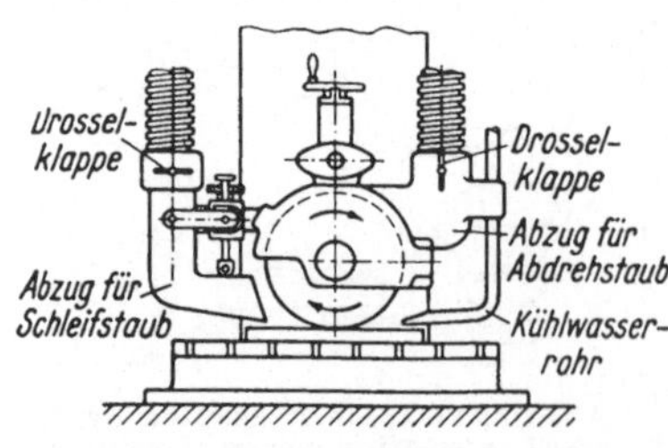

Abb. 40. Getrennte Absaugung von Schleifstaub und Abdrehstaub an einer Flachschleifmaschine [28].

Wichtig bei der Wahl und Anordnung der Saugstutzen ist die Beachtung der Hauptrichtung, in der der Staub ohne Absaugung von der Entstehungsstelle abgetrieben wird. In der gleichen Richtung muß auch der Saugzug wirken. Ist keine bestimmte Richtung da, wie häufig beim Fräsen und Flachschleifen mit der Topfscheibe, so sollte der Saugstutzen nach Möglichkeit die ganze Entstehungsstelle umschließen. Außerdem ist es vorteilhaft, die Eintrittsöffnung klein zu wählen, damit die Luftgeschwindigkeit an der Staubentstehungsstelle möglichst groß ist. Bei der Staubabsaugung an Schleifmaschinen wird sehr oft vergessen, daß die Staubbildung beim Schleifen und beim Abritzen sehr verschieden ist. Beim Schleifen ist meistens eine ganz ausgesprochene Hauptflugrichtung vorhanden, in der auch sehr wirkungsvoll abgesaugt werden kann. Beim Abritzen der Schleifscheibe ist die Hauptrichtung nicht so ausgeprägt, auf jeden Fall fällt sie meist nicht mit der Hauptrichtung beim Schleifen zusammen, da die Abritzeinrichtung häufig der Schleifstelle ungefähr gegenüberliegt. Es ist also noch ein zweiter Saugstutzen erforderlich, der die Schleifscheibe möglichst weitgehend umfassen soll. Besonders vorteilhaft ist der Anschluß beider Saugstellen über eine Umlenkklappe an eine Saugleitung, wobei die Abritzeinrichtung nur betätigt werden kann, wenn sich die Umlenkklappe in der richtigen Stellung befindet, während sie sonst durch Eigengewicht in der für das Schleifen richtigen Stellung gehalten wird (Abb. 40). Auch bei den für Naßschliff eingerichteten Maschinen sollte stets eine Absaugung für den Abritzstaub vorhanden sein. Anstatt der Staubabsaugung mit Luftstrom kann an Maschinen mit trockener Schleifstelle auch eine nasse Staubabscheidung durch schräge mit Bohrwasser berieselte Prallwände vorteilhaft angewandt werden (Abb. 41). Diese Einrichtung läßt sich an Maschinen ohne genügenden Staubschutz nachträglich häufig billiger herstellen als eine Absaugeeinrichtung.

Abb. 41. Niederschlagen des Schleifstaubes durch eine berieselte Prallwand an einer Flachschleifmaschine [22].

Abb. 42. Filzabstreifer am Bettschlitten einer Drehbank [35a].

36. Passiver Staubschutz. An allen hochwertigen Werkzeugmaschinen muß der passive Staubschutz genügend Beachtung finden und zwar gilt das besonders für Maschinen, die selbst Stauberzeuger sind, also Schleifmaschinen aller Art. Der Staubschutz beschränkt sich nicht nur auf Führungsbahnen, auch sämtliche Lagerstellen, Gewindespindeln, Steuer- und Schaltorgane, von denen die Arbeitsgenauigkeit und das einwandfreie Arbeiten der Maschine abhängt, müssen vorsorglich vor Staub und feinen Spänen geschützt werden.

Beim Schutz längerer Führungsbahnen geht man zwei Wege. Man kann Abstreifer an den bewegten Schlitten verwenden, die die Aufgabe haben, den auf der Führungsbahn angefallenen Staub und die Späne vor dem Vorübergleiten des Schlittens abzuwischen und so eine Verunreinigung der Gleitstelle zu vermeiden (Abb. 42). Derartige Abstreifer, man stellt sie meist aus Filz oder Leder her, müssen aber ständig in genügend kurzen Zeitabständen mit Waschpetroleum ausgewaschen und gereinigt werden, da sie sonst zusammen mit dem Staub und dem verhärteten Schmieröl, was sich hier sammelt, nach längerer Betriebszeit einen regelrechten Schmirgelblock bilden und so den Verschleiß der Führungsbahn wesentlich beschleunigen können. Außer den Filzabstreifern haben sich auch gefederte Abstreiferklötzchen gut bewährt (Abb. 43). Die Abstreifer sorgen in den meisten Fällen auch

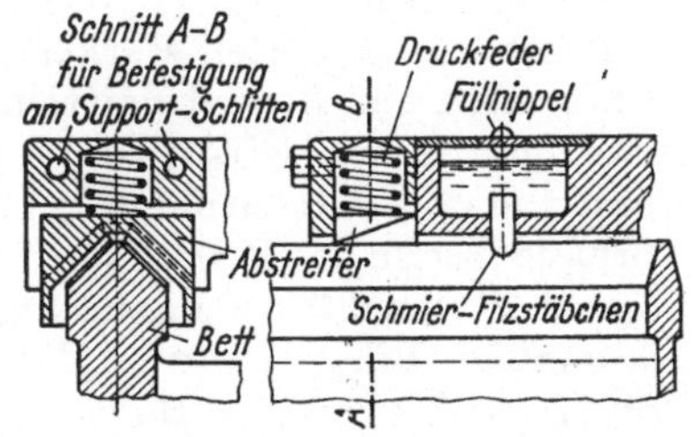

Abb. 43. Gefederter Abstreifer und Schmiereinrichtung am Bettschlitten einer Werkzeugmaschine [29 *a*].

für eine gute Abdichtung der Gleitstelle gegen Schmierölverluste. Es ist also bei Führungsschlitten mit Abstreifern nicht angebracht, auf den freien Teil der Führungsbahn übermäßig viel Schmieröl aufzutragen, da der größte Teil doch durch den Abstreifer abgewischt wird und nicht an die Schmierstelle gelangt, es genügt also das Auftragen einer dünnen Schmierölschicht, jedoch muß der ordnungsmäßige Zustand der Schmiereinrichtungen der Schlittenführung selbst sorgfältig beachtet werden, um das Trockenlaufen des Schlittens zu verhindern.

In allen Fällen, in denen die Funktion der Maschine es irgend zuläßt, sollte man die ganze Führungsbahn abdecken, um das Auffallen von Staub auf die Führungsflächen zu vermeiden, wodurch der Abstreifer am Schlitten aber durchaus nicht überflüssig wird. Als Abdeckung werden an Maschinen mit häufiger oder ständiger Schlittenbewegung Faltenbälge, Rollschutzbänder (Abb. 44) oder teleskopartig ineinanderschiebbare Schutzbleche verwandt, und es ist in vielen Fällen auch an ungeschützten Maschinen ratsam, derartige Schutzeinrichtungen nachträglich anzubauen. Hier ist bei der Auswahl die mögliche Beeinträchtigung der Lebensdauer der Schutzmittel durch die Sonderheit des Arbeitsganges, also Art der Späne und des Kühlmittels, Erschütterungen usw. zu beachten. Ein besonders günstiger Staubschutz läßt sich an Schleifmaschinen erreichen, wenn man die Führungsbahn durch einen Haarspalt (Abb. 45) von der staubhaltigen Umgebung trennt und gegebenenfalls durch Einleiten der gefilterten Luft der Absaugeeinrichtung in das Maschineninnere einen geringen Überdruck am Haarspalt erzeugt, der das Eindringen der staubhaltigen Luft zu den zu schützenden Führungsteilen verhindert.

Abb. 44. Führungsbahnschutz durch Rollbänder an einer Schleifmaschine, Rollbänder abgehoben [17].

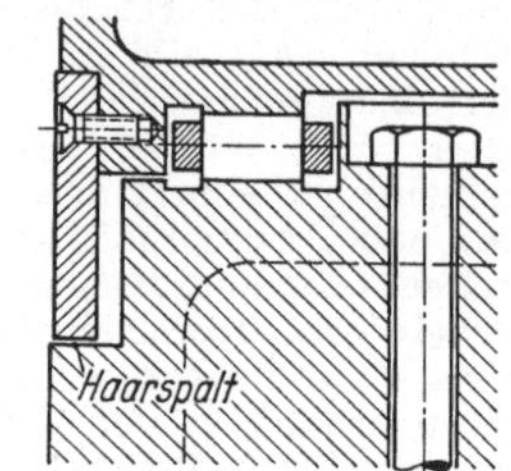

Abb. 45. Schutz der Rollentischführung an einer Präzisionswerkzeugmaschine durch Haarspalt [17].

III. Instandhaltungsabteilung und Betrieb.

37. Instandhaltungsabteilung und Betrieb. Sollen die Einzelmaßnahmen der Instandhaltung zu dem gewünschten Erfolg führen, so ist es unbedingt notwendig, eine Zentralstelle im Betriebe zu schaffen, die die erforderlichen Arbeiten durchführt und überwacht. Es muß eine Instandhaltungsabteilung aufgebaut werden, die, obwohl sie sich in vielen Fällen aus der bestehenden Reparaturabteilung entwickeln wird, weniger die Aufgabe hat, lediglich eingetretene Schäden zu beseitigen, als vielmehr durch vorbeugende Maßnahmen den Eintritt von Schadenfällen zu verhindern. Aus der Instand*setzungs*abteilung muß also eine Instand*haltungs*abteilung werden.

Besonders in Zeiten starker betrieblicher Belastung zwingt der Mangel an Arbeitskräften und Betriebsmitteln vielfach, die Planung der Instandhaltung zurückzustellen. Andererseits wird die planmäßige Pflege gerade dann besonders wichtig, wenn von den Betriebsmitteln höchste Leistung gefordert werden muß. Nicht das Vorhandensein der Betriebsmittel an sich, sondern deren Betriebsbereitschaft ist ausschlaggebend für die Leistungsfähigkeit eines Betriebes. Ohne vorsorgende und planmäßige Pflege kann es daher auch keine Sicherheit in der Ausnutzung der Leistungsfähigkeit der Betriebsmittel geben.

Selbst wenn es unmöglich erscheint, in absehbarer Zeit eine Instandhaltungsabteilung neu aufzubauen, muß man durch schrittweises Einführen bestimmter Pflegemaßnahmen versuchen, ohne große Mehrbelastung wenigstens die größten Gefahren von den Betriebsmitteln abzuweisen. Der Ausschuß für Betriebsmittelpflege (ADB Hamburg) hat in Erkenntnis der in der Praxis auftretenden Schwierigkeiten einen Plan zur schrittweisen Einführung der Instandhaltung aufgestellt, der im Anhang im Wortlaut abgedruckt ist. Diese Hinweise können natürlich nicht als unfehlbares Rezept angesehen werden, denn wie jeder Betrieb seine besonderen Eigenheiten hat, so müssen auch die Maßnahmen in jedem Einzelfalle besonders durchdacht und festgelegt werden.

Der bestimmendste Einfluß auf die Organisation der Instandhaltungsabteilung eines Betriebes ist dessen Größe. Im Kleinstbetrieb oder handwerklichen Unternehmen besteht sie meist nur aus dem Notizbuch des Unternehmers und auch bei größeren Betrieben, sagen wir bis etwa 50 Mann Belegschaft, wird man im allgemeinen von der Organisation der Instandhaltung wenig verspüren. Alle Instandhaltung und Instandsetzung wird von der Belegschaft mit durchgeführt. Bei größerer Belegschaft findet man meist schon eine besondere Reparaturkolonne, deren Größe und Zusammensetzung von der Größe und Art des Betriebes abhängig ist. Bald wird nun auch die Einrichtung einer besonderen Reparaturwerkstatt unter der Leitung eines Meisters erforderlich. Bei noch größeren Werken reicht dann auch eine Meisterei nicht mehr aus, und die Reparaturabteilung zergliedert sich in einzelne Werkstätten, wie Schlosserei, Tischlerei, Malerei, Sattlerei, Elektrowerkstatt usw. Hierbei wird dann wieder sehr häufig dazu übergegangen, diesen Werkstätten einen Teil der Fertigung zu übertragen, wodurch dann oft die Erledigung der Instandhaltungsaufgaben zugunsten der Fertigung sehr stark behindert wird.

Besonders zu beachten ist hierbei, daß sich das Aufgabengebiet dieser Abteilung im allgemeinen nur auf Instandsetzungsarbeiten, nicht aber auf Instandhaltungsarbeiten erstreckt. Diese werden dann, wie im Kleinstbetriebe, dem Manne an der Maschine überlassen, der dann häufig genug nicht einmal Anweisungen für die von ihm durchzuführenden Arbeiten erhält. Hier liegt nun aber ein wichtiger Gefahrenpunkt, der sich besonders dann gefährlich bemerkbar macht, wenn man schlecht oder gar nicht geschulte Kräfte mit der Bedienung der Maschinen betrauen muß, oder wenn an den Maschinen in mehreren Schichten gearbeitet wird. Dann haben auch genaue Anweisungen keinen rechten Erfolg mehr, denn hier fehlt gewissermaßen das persönliche Verhältnis des Mannes zu seiner Maschine. Wenn dann die Instandhaltungsabteilung lediglich mit der Behebung der auftretenden Schäden beauftragt wäre, so hätte man noch nichts zur Verlängerung der Lebensdauer der Betriebsmittel getan. Man wird bald erkennen müssen, daß hier Verluste entstehen, die eine planmäßige Instandhaltung einschließlich des hierzu erforderlichen Organisationsaufwandes durchaus rechtfertigen. Das beweist allein schon die Tatsache, daß die Firmen, die den Gedanken einer planmäßigen Instandhaltung aufgegriffen haben, nicht wieder davon abgegangen sind, im Gegenteil den Aufgabenkreis dieser Abteilung immer größer gezogen haben.

38. Aufgaben der Instandhaltungsabteilung. Es muß in jedem Einzelfalle entschieden werden, in welcher Weise die Aufgaben der Instandhaltungsabteilung in die bestehende Betriebsorganisation eingefügt werden sollen. In den meisten Fällen wird es zweckmäßig sein, in der Instandhaltungsabteilung alle betrieblichen Arbeiten zusammenzufassen, die nicht direkt zur Fertigung gehören, wie z. B. Ausarbeiten eines Instandhaltungsplanes für alle Werkzeugmaschinen, Hilfseinrichtungen, Gebäude und Anlagen; Durchführung und Überwachung dieser Instandhaltungsmaßnahmen; Aufstellen und Inbetriebsetzen aller neu gelieferten Maschinen und Einrichtungen; Durchführung aller innerbetrieblichen Ortsveränderungen von Maschinen, Einrichtungen usw.; Herstellung und Lagerung von Ersatzteilen für den eigenen Betrieb; Schmierölrückgewinnung und -reinigung; Aufstellen von Werknormen für Betriebseinrichtungen; Beratung bei der Beschaffung neuer Betriebsmittel.

Zu dem Werkzeugmaschinenpark zählen in diesem Sinne auch die Elektro- und Druckluftwerkzeuge, während die Instandhaltung und Verwaltung der übrigen Werkzeuge und der Vorrichtungen dem Werkzeug- bzw. Vorrichtungsbau überlassen bleibt. Unter den Hilfseinrichtungen sollen alle zur Fertigung gehörenden Einrichtungen und Anlagen verstanden werden, also Industrieöfen, Schmiede- und Härteeinrichtungen, Kraftanlagen, elektrische Anlagen, Fernsprech- und Meldeanlagen, Druckluft- und Druckwasseranlagen, Kräne, Fördereinrichtungen usw Zu den Gebäuden und Anlagen gehören alle Gebäude, Wege, Gleisanlagen, Wasserbauten, Beleuchtung, Heizung, Be- und Entlüftung, Be- und Entwässerung, Aborte, Wasch- und Umkleideräume, Aufenthaltsräume, Küchenanlagen, Kraftwagenanlagen usw.

Für die Instandhaltung der Büromaschinen sind Facharbeiter erforderlich, die gewöhnlich in der Maschinenindustrie nicht zur Verfügung stehen. Kann oder will man die Pflege der Büromaschinen nicht einem Spezialunternehmen übertragen, so sind die hierfür angestellten Facharbeiter ebenfalls der Instandhaltungsabteilung zuzuteilen. Das wird in vielen Fällen auch bei anderen Arbeiten ähnlich gemacht werden können, wie z. B. bei Dacharbeiten, Glaserarbeiten, Steinsetzerarbeiten, Sielreinigung, Schornsteinreinigung, Malerarbeiten, Maurerarbeiten usw. Hierbei kann man zwei Wege gehen, entweder überträgt man einem fremden Unternehmer die Überwachung und Instandhaltung und rechnet mit einer Pauschalsumme ab, oder man übernimmt die Überwachung selbst, beauftragt den fremden Unternehmer in jedem Einzelfalle mit der Instandsetzung und rechnet jeden Auftrag gesondert ab. In jedem Falle muß aber die Beobachtung dieser Fremdaufträge der Instandhaltungsabteilung unmittelbar unterstehen. Maßgebend bei der Erteilung dieser Fremdaufträge wird vor allem die Kostenfrage sein, d. h. man wird einen Facharbeiter für diese Arbeiten nur dann selbst einstellen, wenn man ihn voll beschäftigen kann und, was auch sehr wichtig ist, wenn der Instandhaltungsmeister bzw. -ingenieur dessen Arbeit richtig bewerten kann. Dagegen wird man von der Anstellung absehen, wenn ein selbständiger Unternehmer am Ort die Arbeiten zu angemessenen Preisen ausführt und bei plötzlich auftretenden Schadenfällen in kurzer Zeit zur Verfügung stehen kann.

Eine äußerst innige und verständnisvolle Zusammenarbeit ist zwischen der Instandhaltung und der Arbeitsvorbereitung notwendig. Der Instandhaltungsplan und der Fertigungsplan müssen genau aufeinander abgestimmt werden, da bei der Durchführung von Kontrollversuchen und Überholungen einer Werkzeugmaschine oder Einrichtung diese vorübergehend dem Fertigungsgang entzogen werden muß. Es ist selbstverständlich, daß der Instandhaltungsplan berücksichtigen muß, an welcher Stelle sich der Fertigungsgang unter bestmöglicher Vermeidung von Zeitverlusten und Kosten unterbrechen läßt, während der Fertigungsplan die einzelnen Maschinen zu bestimmten Zeiten von vornherein unbelegt lassen muß, so daß die Instandhaltung planmäßig und erfolgreich durchgeführt werden kann.

39. Instandhaltungsmannschaft. In jedem Falle wird eine gewisse Anzahl von Facharbeitern, die möglichst schon längere Zeit im Werkzeugmaschinenbau oder Zusammenbau tätig waren, erforderlich sein, ferner ein oder mehrere Elektriker, denen die im Betriebe vorkommenden Arbeiten nicht neu sind. Die weiteren in dieser Abteilung vertretenen Berufe richten sich nach der Art der gestellten Aufgaben. Jedoch ist es ratsam, eine Reinigungs- und Schmierkolonne aus angelernten Leuten zusammenzustellen, die unter Anleitung eines guten Facharbeiters die gesamte Schmierung und Reinigung des Werkzeugmaschinenparkes übernimmt.

Die Größe der Belegschaft der Instandhaltungsabteilung als Anteil der Belegschaft des Betriebes einschließlich der Lehrlinge, jedoch ohne die Angestellten, kann für Betriebe mit vorwiegend mechanischen Metallbearbeitungswerkstätten auf 4 bis 8 v. H. geschätzt werden. Dagegen muß diese Zahl für gemischte Hütten- und Maschinenindustrie wegen der dort ganz anders liegenden Arbeitsbedingungen größer sein. Es wäre auch denkbar, die Größe der Instandhaltungsmannschaft in Abhängigkeit von der Zahl der zu pflegenden Betriebsmitel anzugeben. Hier würde man in der Maschinenindustrie am besten die Anzahl der vorhandenen Werkzeugmaschinen als Basis wählen und kann sagen, daß auf einen Mann der Instandhaltungsabteilung je nach Art der zu pflegenden Maschinen 10 bis 50 Maschinen gerechnet werden können. Selbstverständlich ist auch die Häufigkeit der planmäßigen Überholungen im Hinblick auf die Güte der zu leistenden Fertigung von Einfluß auf die Größe der Instandhaltungsmannschaft.

Wenn man in der Praxis meist bedeutend niedrigere Belegschaftsstärken der sogenannten Reparaturabteilungen antrifft, so ist der Grund hierfür einfach darin zu suchen, daß die Betriebe lieber, wenn notwendig, einen Teil der Fertigungsbetriebe, möglichst in Überstunden- oder Sonntagsarbeit, zu Instandsetzungsarbeiten mit heranziehen. Wenn man dann aber die gesamten für Instandsetzungsarbeiten aufgewandten Lohnkosten betrachtet, wird man nicht selten feststellen, daß diese über einen längeren Zeitraum gesehen, die Normallohnkosten der Reparaturabteilung um das Doppelte und mehr übersteigen.

40. Instandhaltungswerkstatt. Da in vielen Fällen neu gelieferte Werkzeugmaschinen usw. bis zur Fertigstellung der Fundamente oder aus anderen Gründen zunächst der Instandhaltungswerkstatt übergeben werden, ist auf gute Fördermöglichkeit vom Anschlußgleis bzw. der Lastwagenrampe zu achten. Der Werkstattraum soll nach Möglichkeit doppelt so groß sein, wie es zur Aufstellung der erforderlichen Werkbänke, Werkzeugmaschinen und Hilfseinrichtungen nötig ist. Es ist ferner ein Werkstattkran vorzusehen, dessen Tragfähigkeit sich nach der Art der zu erwartenden Lasten richtet, also im allgemeinen von der Größe der im Betriebe benutzten Maschinen abhängig sein wird. Hiernach richtet sich auch die Lage des Raumes und die Tragfähigkeit seines Fußbodens.

In einer größeren Werkstatt werden 2 bis 3 Drehhonke mit verschiedener Spitzenhöhe und Spitzenweite, eine mittlere Universalfräsmaschine, eine Waagerechtstoßmaschine, eine Säulen- oder Radialbohrmaschine, eine Tischbohrmaschine, gegebenenfalls eine einfache Langhobelmaschine, eine Rundschleifmaschine für Innen- und Außenschliff, eine einfache Flachschleifmaschine, eine Richtpresse, so wie mehrere Elektrohandwerkzeuge erforderlich sein. Bei Bedarf müssen auch eine Härte- und Schmiedeeinrichtung, sowie eine Schweißanlage, ferner eine Hobelbank für Holzarbeiten vorgesehen werden. Zweckmäßig erhält die Instandhaltungsabteilung auch eine eigene Werkzeugausgabe, da sich die hier benötigten Werkzeuge in mancher Hinsicht von den in der Fertigung verwandten unterscheiden werden. Mit der Lagerung der Werkzeuge kann auch das Ersatzteillager vorteilhaft verbunden werden.

In dem großen Raum für Zusammenbauarbeiten sollen größere Überholungs- und Instandsetzungsarbeiten durchgeführt werden. Wichtig ist hierbei jedoch die Frage der Kosten für die Neuaufstellung der Maschine. Man wird leichtere und starre Maschinen zweckmäßig zur Überholung von ihrem Platz entfernen, bei schweren, aufstellungs- und transportempfindlichen Maschinen dagegen diese Arbeiten richtiger am Aufstellungsort vornehmen. In einem Betriebe mit vorwiegend schweren Werkzeugmaschinen wird sich dann wohl die Beschaffung einer oder mehrerer fahrbarer Werkbänke empfehlen. Da die Maschinen, die in der Instandhaltungsabteilung überholt werden, anschließend einem gründlichen Probelauf unterzogen werden sollen, ist es ratsam, in den Boden eingelassene Spannschienen zum Befestigen der Maschinen vorzusehen. Ferner wird hier eine vielseitig anwendbare Anschlußstelle für elektrische Energie mit entsprechenden Meßgeräten benötigt, die man je nach der Art des Betriebes mit einer Anschluß- und Meßstelle für Druckluft vereinigen kann. Es ist auch vorteilhaft, wenn man hier den Arbeitsplatz der Elektriker einrichtet, die hier alle an Elektromotoren und -geräten vorkommenden Messungen und Prüfungen vornehmen.

Schließlich sollte für die Instandhaltungsabteilung möglichst ein eigener, geeigneter Büroraum zur Verfügung stehen, in dem der Instandhaltungsingenieur und bei größeren Betrieben gegebenenfalls auch die Bürohilfen und der technische Assistent ihren Arbeitsplatz haben.

Schrifttum.

1. ARNHOLD, P.: a) Planmäßiges Instandhalten industrieller Betriebe. Masch.-Bau 1938 S. 3. — b) Planmäßiges Instandhalten von Preßluftwerkzeugen. Masch.-Bau 1938 S. 75. Daraus sind entnommen unsere Abb. 38, 39.
2. BÖCKER, A.: a) Die farbige Kennzeichnung von Schmierstellen an Werkzeugmaschinen. Masch.-Bau 1939 S. 166. — b) Lagerhaltung und Verteilung von Schmierstoffen im Werkstattbetrieb. Masch.-Bau 1939 S. 591.
3. BÜCHNER, H.: Die Erhaltung der Betriebsmittel. Masch.-Bau 1936 S. 125. Daraus ist entnommen unsere Abb. 25.
4. DANEEL, E.: Planmäßige Maschineninstandhaltung im Kriege. Masch.-Bau 1942 S. 141.
5. DEITMERS, F.: Die Reinigung von Schmier-, Kühl- und Vergüteöl, Ölpflege während des Betriebes. Masch.-Bau 1939 S. 403.
6. DIERGARTEN, F.: Pflege und Instandhaltung der Schneidwerkzeuge. Masch.-Bau 1941 S. 339.
7. ENGELHARD, K. und TRAPP, W.: Instandhaltung der Fräswerkzeuge. Masch.-Bau 1942 S. 57.
8. FEILITZ, K.: Vermeidung von Betriebsschäden durch planmäßige Betriebswartung. Masch.-Schad. 1941 S. 61.
9. GRÜBER, H.: a) Instandhalten von Werkzeugmaschinen. Masch.-Bau 1939 S. 7. — b) Lagern und Instandhalten von Schneid- und Meßwerkzeugen. Masch.-Bau 1939 S. 139.
10. HEFFT, H.: Maßnahmen zur regelmäßigen Pflege und Instandhaltung der Werkzeugmaschinen. Werkst.-Techn. 1939 S. 297. — Die Maschinenkartei zur Instandhaltung von Werkzeugmaschinen. Werkst.-Techn. 1939 S. 505.
11. HEINRICHS, F.: Richtlinien zur Gestaltung von Bedienungsanweisungen. Werkst. u. Betr. 1941 S. 144.
12. HEINZE, P.: Prüfen und Instandhalten von Werkzeugen und anderen Betriebsmitteln. Werkst.-Bücher Heft 67.
13. HERZOG, J.: Werkzeugmaschinenpflege, Betrachtung für Hersteller und Verwender. Werkst. u. Betr. 1939 S. 82. Daraus sind entnommen Abb. 13 und 43.
14. HESSENMÜLLER, B.: Planmäßige Erhaltungswirtschaft. Masch.-Bau 1933 S. 378.
15. ISENBERG, H.: Instandhaltung der Werkzeugmaschinen. Masch.-Bau 1937 S. 549.
16. IWASCHEFF, W.: Befördern von Werkzeugmaschinen. Werkst.-Techn. 1937 S. 473. Daraus sind entnommen unsere Abb. 1 bis 5.
17. KIENZLE, O.: Leistung und Lebensdauer deutscher Werkzeugmaschinen. Werkst.-Techn. 1938 S. 89. Daraus sind entnommen unsere Abb. 8, 14, 15, 30, 44, 45.
18. KOTTHAUS, H.: a) Planmäßige Instandhaltung. Masch.-Bau 1937 S. 121. — b) Die Erhaltung von Maschinen und Einrichtungen in industriellen Betrieben. Z. VDI 1937 S. 1091. — c) Werkzeugmaschinenbau und Betriebsmittelpflege, Wünsche des Betriebsmannes. Masch.-Bau 1939 S. 109.
19. KRAFFT, H.: Die Pflege von Klein-Elektro-Werkzeugen. Masch.-Bau 1940 S. 105. — Pflege der Werkzeuge für spanlose Formung. Masch.-Bau 1941 S. 293.
20. KREKELER, K.: Öl im Betrieb. Werkst.-Bücher, Heft Nr. 48.
21. LEPPIN, O.: a) Überwachung und Instandhaltung von Rohrleitungen im Fabrikbetrieb. Masch.-Bau 1933 S. 5. — b) Instandhaltung von baulichen Anlagen und allgemeinen Betriebseinrichtungen. Masch.-Bau 1938 S. 441.
22. MAECKER, K.: Instandhaltung der elektrischen Einrichtung und Antriebe im Werkstattbetrieb. Masch.-Bau 1940 S. 169. Daraus sind entnommen unsere Abb. 33, 34, 37 u. 41.
23. MOELLER, H.: Von der Lebensdauer der elektrischen Schaltgeräte in Werkzeugmaschinen. Werkst.-Techn. 1938 S. 94.
24. RAUPP, A.: a) Größe und Zusammensetzung der Reparatur- und Instandhaltungsabteilung. Masch.-Bau 1939 S. 457. — b) Die Einführung planmäßiger Betriebsmittelpflege. Masch.-Bau 1942 S. 261. — c) Betriebsblatt: Planung der Betriebsmittelpflege. Masch.-Bau 1942 Nr. 6 (siehe Anhang).
25. RAUSCH, E.: Aufstellen von Werkzeugmaschinen. Masch.-Bau 1937 S. 605.

26. REITEBUSCH, R.: Gesichtspunkte für die Neubeschaffung von Werkzeugmaschinen. Masch.-Bau 1935 S. 11.
27. REUSCHLE, W.: Schmiereinrichtungen an Werkzeugmaschinen. Werkstatt und Betrieb 1938 S. 77.
28. SCHMID, A.: Einfluß der Konstruktion und der Behandlung von Werkzeugmaschinen auf die Lebensdauer. Werkst.-Techn. 1938 S. 367. Daraus sind entnommen unsere Abb. 11, 26, 27, 29, 40.
29. THIESSEN, E.: a) Werkzeugmaschinenpflege (Schmiervorrichtungen, Schmierdienst, Schmiermittel). Masch.-Bau 1939 S. 283. Daraus sind entnommen unsere Abb. 13, 43. — b) Schmierölbeanspruchung und Altölver-wertbarkeit im Werkstattbetrieb. Masch.-Bau 1939 S. 456.
30. TRAPP, W.: Planmäßige Instandhaltung von Werkzeugen, Überwachen und Ausbessern. Masch.-Bau 1940 S. 245.
31. TRAPP, W. und ENGELHARD, K.: Instandhaltung der Fräswerkzeuge. Masch.-Bau 1942 S. 57.
32. VOGT, K.: Aufbau und Behandlung von Schnittwerkzeugen. Masch.-Bau 1937 S. 199.
33. WELTER: Werkserhaltung in Hütten- und Maschinenbetrieben. Masch.-Bau 1935 S. 93.
34. Betriebsblatt: Schmierung von Werkzeugmaschinen. Masch.-Bau 1938 Nr. 5/6; aufgenommen in: Betriebstechnische Sammelmappe. 1. Erg.-Lfrg. Berlin 1939.

Firmenangaben.

35 a) Vereinigte Drehbankfabriken, Heidenreich u. Harbeck, Hamburg. Abb. 6 u. 42.
35 b) Vereinigte Drehbankfabriken, Gebr. Boehringer, Göppingen. Abb. 36.
36. ADB Hamburg und Shell, Technischer Dienst: Bildstreifen „Und jetzt erst recht Maschinenpflege". Abb. 12 des vorliegenden Buches.
37. Kugelfischer Schweinfurt, Kugellagerliste. Abb. 16 bis 23.
38. Siemens-Schuckert-Werke, Elmowerk, Bedienungsanweisungen. Abb. 24, 31, 32, 35.

Anhang.

Planung der Betriebsmittelpflege.

(Aufgestellt von der ADB Hamburg, Ausschuß für Betriebsmittelpflege, Dr.-Ing. A. RAUPP. VDI, Hamburg.

Zur gründlichen Durchführung der Betriebsmittelpflege ist es erforderlich, bei der Einführung einem gestuften Plan zu folgen oder bei der Weiterentwicklung auf der bereits im Betrieb erreichten Stufe aufzubauen. Bis zu welcher Stufe der Betrieb vordringen sollte, hängt von seiner Art und Größe ab. Ebenso müssen die Zeitabstände zwischen den einzelnen Maßnahmen nach den jeweiligen Anforderungen und Erfahrungen gewählt werden.

1. Stufe: Intensivierung der wöchentlichen Reinigung. Schulung der Meister und Vorarbeiter für die einfachsten Betriebsmittelpflegemaßnahmen.

Persönliche Überwachung der Maschinen-Reinigung durch die Vorarbeiter und Meister. Erziehung der Bedienungsleute zu sorgfältiger Reinigung und Schmierung der Maschinen.

Verbesserungen und Ersatz. Fehlende Schmiernippel ersetzen; Dichtungen erneuern, wenn notwendig; an Schmierlöchern Nippel anbringen, gewöhnliche Klappöler durch Preßschmiernippel ersetzen; einfache Nachstellarbeiten durchführen lassen usw.

Verschleißminderungsmaßnahmen einführen. Bedienungsmann auf Schäden aufmerksam machen, die durch Gebrauch unzulässiger Werkzeuge und Hilfsmittel entstehen.

Prämierung besonderer Leistungen; Belobigungen und Auszeichnungen für die am besten gereinigten und instandgehaltenen Maschinen.

2. Stufe: Ständige Überwachung des Betriebes ohne Plan. Ständige Überwachung durch Ingenieure, Meister und Vorarbeiter auf Durchführung der Maßnahmen Stufe 1.

Sorgfältige Behandlung der Werkzeuge. Werkzeuge und Meßgeräte müssen gut behandelt werden. Schneidenschutz und Ablagen vorsehen. Größte Sorgfalt beim Einsetzen in die Maschine.

Auswertung von Betriebsanleitungen durch eingehendes Studium und Beachtung aller Angaben über die Maschinenpflege. Unterrichtung der einzelnen Arbeiter über die Besonderheiten ihrer Maschinen einschließlich der Pflege.

Maschineneinstellung beachten. Es ist äußerst wichtig, daß Schnittgeschwindigkeiten, Vorschübe, Spanquerschnitte usw. ständig beobachtet werden.

3. Stufe: Einführung des Schmierdienstes. Feststellung aller Maschinen mit Getriebekästen und Hydraulik und der hierfür notwendigen Ölarten. Durchführung jeder möglichen Vereinheitlichung.

Erneuerung und Nachfüllen aller Ölfüllungen durch besonderen Schmiermann. Zunächst in der üblichen Weise, Dann Bau einer einfachen Einrichtung mit Pumpe zum Absaugen des Altöles. Später Bau eines Schmiermittel- und eines Reinigungswagens, die den ganzen Betrieb versorgen. Keine Getriebekastenschmierung mehr durch den Bedienungsmann der Maschine.

Überwachung aller übrigen Schmiereinrichtungen durch den Schmiermann. Er hat zugleich auf alle Fehler zu achten, Schmiernippel, beschädigte Ölleitungen zu ersetzen, auf die richtigen Öle zu achten usw.

Einführung der farbigen Kennzeichnung aller Schmierstellen. Entscheidung, welche Ölsorten einheitlich im Betrieb verwandt werden sollen. Farbenschildchen an alle Ölkannen, Ölbehälter, Schmierstellen usw. Neueinrichtung des Öllagers.

Kühlmittelversorgung durch besonderen Kühlmittelmann. Soweit nicht zentrale Kühlmittelversorgung vorhanden, ähnliche Wagen wie für Schmiermittel herstellen und Reinigung und Neufüllung nur durch den besonderen Kühlmittelmann ausführen lassen.

Planmäßige Regelung der gesamten Schmierung und Kühlung. Schmiermittelplan in der Schmiermittelausgabe. Vollkommene Regelung des Schmierdienstes.

4. Stufe: Einführung der planmäßigen Werkzeugpflege. Intensivierung der von den Aufsichtspersonen überwachten pfleglichen Behandlung durch Anschläge, Vorträge, Ausstellung zerstörter Werkzeuge und Schutzmaßnahmen durch Ausgabe von einzelnen Werkzeugen, Schutzhüllen, Schutzkästen, Werkzeugsätzen. Richtige Lagerung am Arbeitsplatz.

Neugestaltung der Werkzeugausgabe nach neuzeitlichen Gesichtspunkten; Schutz vor Verletzungen der Werkzeuge; richtige Lagerung; rechtzeitige Schärfung usw.

Planmäßige Gestaltung der Werkzeuginstandhaltung. Rechtzeitiges Einziehen der Werkzeuge; richtiges Schärfen; Prüfen von Fehlern; nach Ursachen schnellen Verschleißes suchen usw.

5. Stufe: Aufbau einer Reparaturabteilung. Beginn mit einigen besonders befähigten Schlossern. Einzelne schwierige Reparaturen in einer Sonderabteilung durchführen lassen.

Steigerung dieser Abteilung bis zur notwendigen Größe, bis der erwünschte Zustand erreicht ist, daß keine Reparaturarbeiten mehr in Fertigungswerkstätten von Fertigungsleuten ausgeführt werden.

6. Stufe: Einbeziehung von Instandhaltungsaufgaben in die Reparaturarbeiten. Aufzeichnung der Reparaturen und danach ständige Überwachung der besonders gefährdeten Teile und Maschinen. Belehrung und ständige Schulung der Bedienungsleute zur Vermeidung vorzeitiger Reparaturen. Einführung der AWF-Maschinen-Instandhaltungskartei.

Einführung planmäßiger Überwachungsgänge durch Instandhaltungsleute.

7. Stufe: Planmäßige Instandhaltung der Maschinen. Ausarbeitung eines Instandhaltungsplanes. Nach längerer Aufzeichnung der Reparaturen in der AWF-Maschinen-Instandhaltungskartei möglich. Zeiträume für Überholung der Maschinen je nach ihrer Anfälligkeit werden festgelegt.

Ständige Durchführung von Überholungen. Die Überholungen liegen dann schon auf lange Zeit im voraus fest und die Fertigungswerkstatt kann sich danach richten.

8. Stufe: Verfeinerung der Überwachung und Auswertung zur Verlängerung der Überholabstände. Aufzeichnungen der Maschinenarbeitszeit, der Überholungen, der Reparaturen und der Gründe hierfür.

Untersuchung der Gründe für besonders häufig vorkommende Fälle und Vermeidung durch: Wahl anderer Werkstoffe, Umkonstruktion, Belehrung des Arbeiters usw.

Durchführung von Versuchen zur Verlängerung der Lebensdauer, wenn sie sich wirtschaftlich rechtfertigen lassen.

Beeinflussung des Einkaufes bei der Bestellung neuer Maschinen entsprechend den Erfahrungen über ihre Anfälligkeit.

II. Spangebende Formung (Fortsetzung)

III. Spanlose Formung

IV. Schweißen, Löten, Gießerei

V. Antriebe, Getriebe, Vorrichtungen

(*Fortsetzung 4. Umschlagseite.*)